地域文化与中国古建筑

张晓飞——著

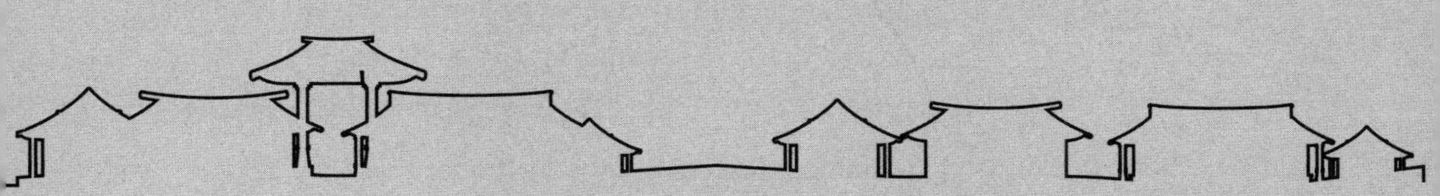

南海出版公司
2024 · 海口

图书在版编目（CIP）数据

地域文化与中国古建筑 / 张晓飞著. -- 海口 : 南海出版公司, 2024.1
ISBN 978-7-5735-0717-4

Ⅰ. ①地… Ⅱ. ①张… Ⅲ. ①古建筑—建筑艺术—研究—中国 Ⅳ. ①TU-092.2

中国国家版本馆CIP数据核字(2023)第229288号

DIYU WENHUA YU ZHONGGUO GU JIANZHU
地域文化与中国古建筑

作　　者　张晓飞
责任编辑　吴　雪
美术设计　清　风
出版发行　南海出版公司　电话：（0898）66568511（出版）
（0898）65350227（发行）
社　　址　海南省海口市海秀中路51号星华大厦5楼　邮编：570206
电子信箱　nhpublishing@163.com
经　　销　新华书店
印　　刷　三河市金兆印刷装订有限公司
开　　本　710 毫米 × 1000 毫米　1/16
印　　张　11.5
字　　数　168千
版　　次　2024年1月第1版　2024年1月第1次印刷
书　　号　ISBN 978-7-5735-0717-4
定　　价　58.00 元

目录

MULU

第一章　地域文化概述 …… 001

第一节　地域文化的概念 …… 002

第二节　地域文化的特点 …… 006

第三节　地域文化的形成原因 …… 021

第二章　中国古建筑的特点 …… 025

第一节　中国古建筑的特点 …… 027

第二节　中国古建筑群的组合方式 …… 040

第三节　中国古建筑平面布局方式 …… 043

第四节　中国古建筑艺术装饰特点 …… 046

第五节　中国古建筑的材料和结构特点 …… 051

第三章　地域文化背景下的中国古建筑 …… 053

第一节　中国古建筑是凝固的艺术 …… 055

第二节　中国古建筑是“木”的史书 …… 060

第三节　物质层面的建筑地域文化 …… 063

第四节　非物质层面的建筑地域文化 …… 068

第四章　中国古建筑的文化特点 …… 077

第一节　古建筑与汉字的关系 …… 078

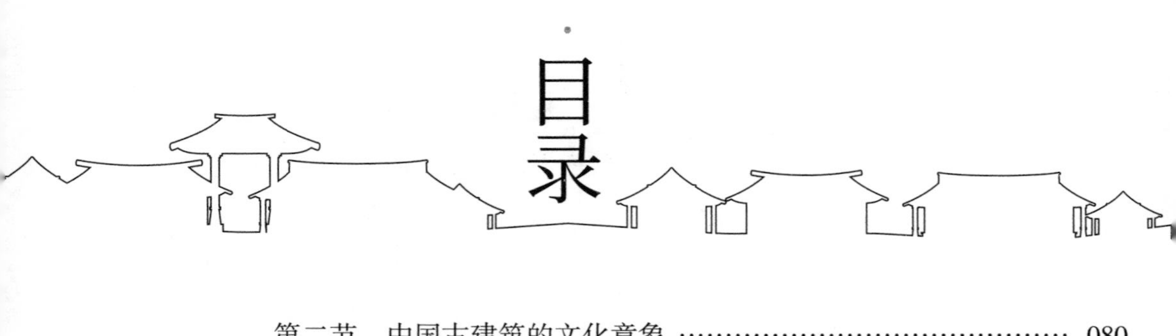

第二节　中国古建筑的文化意象 …… 080
第三节　古代的廊和庭 …… 083
第四节　古代的佛教建筑 …… 085
第五节　唐宋建筑的发展变化 …… 087
第六节　诞生于宋的《营造法式》 …… 089
第七节　始建于唐宋的客家民居 …… 093
第八节　元朝的建筑 …… 099
第九节　明清时期的建筑风格 …… 104
第十节　风水对建筑的影响 …… 106

第五章　地域文化与建筑设计构思的结合 …… 109

第一节　建筑是环境艺术 …… 111
第二节　中国古建筑是凝固的文化 …… 113
第三节　中国传统建筑空间与形制特点 …… 117

第六章　中国古建筑分类 …… 121

第一节　宫殿建筑 …… 122
第二节　民居建筑 …… 127
第三节　园林建筑 …… 130
第四节　宗庙建筑 …… 136
第五节　陵墓建筑 …… 140

目录

MULU

第六节　设施建筑 …… 147

第七章　中国古建筑风格形成地域因素 …… 153

第一节　徽派建筑：青瓦白墙　砖雕门楼 …… 154

第二节　苏派建筑：山环水绕　曲径通幽 …… 157

第三节　闽派土楼：坚固土墙　功能强大 …… 160

第四节　京派建筑：对称分布　寓意吉祥 …… 163

第五节　晋派建筑：窑洞大院　晋商文化 …… 166

第六节　川派建筑：形式多样　特色鲜明 …… 168

第八章　古建筑的未来 …… 173

第一节　乡村古建筑的保护 …… 175

第二节　城市古建筑的保护 …… 176

第三节　中国古建筑的未来 …… 177

第一章 地域文化概述

文化是人类特有的社会现象和历史现象，包含物质文化和非物质文化两大部分。从世界整体文化格局来看，不同地域、不同国家、不同民族在不同时期都有自己独特的文化。而中华文化是我国特有的、具有鲜明民族特色的、为中华民族世代继承发展的优秀传统文化，也称中华传统文化。

第一节　地域文化的概念

中华文化是以中原文化为基础，经过不断演化发展、兼容并蓄形成的中国特有文化，是人类历史上起源最早、历史最悠久的古老文化之一，也是唯一一个持续时间最长并延续至今，且没有被割裂的最优秀的民族文化，是中华民族的血脉之根、精神之源。

地域文化是指在一个特定的地理区域内，受地理环境、历史背景、社会习俗等多种因素的影响，形成的一种独特的文化风貌和传统。地域文化的特点可以体现在语言、饮食、服饰、艺术、宗教、建筑等多个方面，反映了不同地域的人们对生活方式、价值观念、审美趣味的不同追求和表达。地域文化是中国文化的重要组成部分，也是中华民族多元文化的体现。

一、文化的概念与特征

广义文化包括物质文化、制度文化和思想文化三个层面，是所有人类文化成果的总和。狭义文化则专指思想文化，是人类因认识和理解世界而创造和传承的符号、观念以及价值等非物质文化成果。广义文化中，物质文化是指人类在生产和生活过程中创造的物质产品和物质环境，包括建筑、器物、工具、服装、食品等；制度文化是指人类在社会生活中形成的制度、规则、法律等，它对人类的行为和生活方式产生重要影响；思想文化是指人类在思想和精神层面上创造的文化成果，包括哲学、宗教、文学、艺术、科学等，它对人类的思维方式、行为准则、审美情趣等产生重要影响。这三个层次的文化相互关联、相互作用，在整个文化系统中有不同的地位和作用。物质文化和制度文化是表层结构，更容易被人们看到和感知，它们对人们的生活方式和社会秩序产生直接影响。而思想文化则是整个文化系统中的最深层结构，虽然它的存在不易被人们感知，但却具有更为深远的影响，它塑造着人们的价值观念、思维方式和文化认同。

文化就是自然的人化，是自然的文明化，是自然向着属于人的理想境界的转化。文化既是对外界自然的人化，又是对人类自身的文明化。文化包含着最基本的人文教化，精髓就是道德。文化具有民族群体性、地域限定性、历史传承性和现实变异性的特点。

在现代汉语中，对“文化”一词的解释可以总结为以下两个方面的内容：

从广义上看，文化是指人类在其发展历史中创造、积累的物质财富和精神财富的总成果，既包括哲学、科学、艺术、文学、教育、宗教、信仰、道德、民俗、群体心理行为特征等精神层面的积淀，又包括工程、技术、建筑、交通、服饰、工具、工艺等物质层面的积累。

狭义地理解，文化可以具体到与人相关的各个方面，包括运用和掌握知识的程度、能力，比如人们常说的“学文化”“懂文化”“用文化”“文化水平”“文化修养”等，以及人与某种事物或现象、人群或族群、国家或地区、地域或时期等形成的各种形式的关系。如：

——茶文化、酒文化、饮食文化、民居文化……

——婚配文化、丧葬文化、人际关系文化……

——佤族文化、朝鲜族文化、苗族文化……

——东北文化、西南文华、岭南文化、中原文化……

——先秦文化、唐朝文化、元朝文化、明文化……

——半坡文化、河姆渡文化、龙山文化、良渚文化……

在英语中，与“文化”对应的词是“culture”，但它们不是唯一对应的关系，

“culture”除了作“文化”来解之外，还有“培养”“培育”“栽培”“种植”等词义。当作“文化”来解时，“文化是建立在人类社会中的社会行为和规范(Culture is the social behavior and norms found in human society)”。这个定义很简洁，但也概括了文化的基本内涵。

随着人类对生物的认识逐渐加深，人们对非人类文化的存在越来越认可，如鸟类文化、昆虫文化（如白蚁文化、蚂蚁文化、蜂群文化等）、猴群文化、象群文化等，这些都是有别于人类文化的。

二、地域文化的概念与特征

中华文化包罗万象，博大精深，光辉灿烂，璀璨夺目，涵盖物质成就、制度体系、意识形态、语言文字、行为习俗等多个方面，有许多分支，这些分支相互交叉，相互依赖，相互影响，相辅相成。而本书所言的地域文化，就是大中华文化下面一个小小的文化分支。

俗话说“一方水土养一方人”，我国幅员辽阔，人口众多，几千年来由于各地域的自然环境、政治经济、历史渊源、风土民情等差异，孕育了各具特色的地域文化。从大的方面来说大致分为北方文化（黄河流域）和南方文化（长江流域）；从历史渊源和地域结构上来说，又可划分为不同地域的区域文化，诸如中原文化、秦陇文化、晋文化、齐鲁文化、荆楚文化、吴越文化、巴蜀文化、滇黔文化、岭南文化等。

组成中华文化的地域文化众彩纷呈，相关文章和研究文献车载斗量，然而，若是认真讨论起来，关于具体地域文化概念的界定，即“什么是地域文化”，学术理论界目前众说纷纭，莫衷一是，大致有以下三种看法：

第一种看法，有学者认为，地域文化专指先秦时期中华大地不同区域的文化。

第二种看法，有专家主张，地域文化专指同一个历史时期的、不以分布地点为转移的、具有鲜明共性特征的考古学文化。

第三种则是折中的看法，将地域文化划分为广义和狭义来阐述，狭义指先秦时期不同地域的文化，广义特指中华大地不同区域的物质财富和精神财富的总和，即从古至今的一切文化遗产。

在笔者看来，以上定义皆有不足。第一种看法立足于先秦时期，虽然属于“纵向”的历史观点，然而却过于狭隘。因为先秦时期华夏文明主要集中于中原地带，由于春秋战国诸侯争霸，形成了几种典型的地域文化，主要包括秦文化、晋文化、齐（鲁）文化、荆楚文化、吴越文化、燕文化以及巴蜀文化等。然而对于现在的地域而言，自然不能代表全部，比如东北文化、新疆文化、西藏文化、滇黔文化、岭南文化、闽台文化等这些先秦时期游离于中原文化之外的地域文化就没有涵盖在内。第二种观点为“横向”的历史观点，属于考古学上的地域文化界定，偏重于同一时期不同地域考古证据和物质遗存的共同特征，缺乏了不同地域文化习俗的特点，因而只能说是文明表象，而不是地域文化的特征。比如，黄河中游地区新石器时代彩陶文化的代表——“仰韶文化”，只能说明当时这一区域物质文明的共同成就，很难说清具体地域文化的差异。第三种观点折中，吸收前两种说法，把地域文化分为狭义和广义，但还是没有对地域文化作出较为明确的界定。

依笔者拙见，其实地域文化，重点在于“地域”二字，就是指以地理结构为背景，经过长期历史演变和文化交融，传承至今且仍发挥作用的独具特色的文化传统，体现在多方面，比如宗教信仰、建筑风格、生活习俗、饮食习惯等。（当然，也可以是单一元素的文化。）

另外，地域文化还有两个特征：一是地域的范畴可大可小。大可以指共同的中华文化，也可以指地理行政区划；小则可以指一个县、乡，甚至一个村落。二是地域文化有一个历史范畴的限定。不同时期，文化不尽相同，文化始终处于不断变化和发展中，然而在某一特定时期是比较固定的。

第二节　地域文化的特点

文化是人类特有的社会现象和历史现象，包含物质文化和非物质文化两大部分。从世界整体文化格局来看，不同地域、不同国家、不同民族在不同时期都有其独特的文化。而中华文化是我国特有的、具有鲜明民族特色的、为中华民族世代继承发展的优秀传统文化，也称中华传统文化。

中华文化是中国人民在漫长历史进程中创造、积累、传承的宝贵财富，对中国社会和国家的形成与发展产生了深远影响。中华文化作为中国人民的精神之源，不仅塑造了中国人的价值观念，也对世界文化产生了积极的影响。

一、具有独特的方言文化

中国的方言种类繁多，特别是在南方，由于地形复杂等原因，导致各个区域的语言难以融合，从而形成了方言较多的情况。方言虽然与标准汉语存在差异，但在人们的日常交流、思考和感受中扮演着重要的角色。方言不仅能增进人与人之间的感情，而且在某些情况下，只有方言才能表达清楚特定的含义。尽管中国的书面文字是统一的，但方言却一直保持着多样性和独特性。早在春秋战国时期，就已经存在许多不同的方言。中国人常说的“同乡”，通常可以分为大同乡和小同乡，而小同乡通常就是指使用同一方言的人。在社会活动中，使用同一方言的人更容易建络沟通、达成共识。

方言是中国丰富多彩的语言文化的重要组成部分，也是中国人文化身份和地域认同的重要载体之一。中国拥有众多方言，这些方言通常是基于地理位置和历史发展而形成的。一些著名的方言，如广东方言、上海方言、四川方言、福建方言等，差异非常显著，以至于不同方言表达者之间会出现巨大的沟通障碍。

尽管普通话是中国的官方语言，但方言在中国社会中仍然扮演着重要的角色。在某些地区，方言是人们日常交流的主要语言。方言也在文学作品、电影、电视剧等领域有着重要的地位，一些方言被广泛地应用在相应地区的文学作品和艺术表演中。此外，方言也与中国的民俗文化有着密切的关系，许多中国的传统习俗、节日和仪式都与方言有关。

方言具有一套完整的系统，包括语音结构、词汇结构和语法结构，能够满足本地区社会交流、交际的需要。不同民族的地方方言是这个民族的共同语言，有“同中有异、异中有同”的特点。方言可以分为地域方言和社会方言。现代汉语方言可分为北方、吴、湘、客家、闽、粤、赣、晋八大方言区，也可进一步细分为片区方言和地方方言。方言是文化的活化石，体现了地方特色和民间文化。作为一种非物质文化遗产，方言是地域文化的重要载体和表现形式，代表着一个民族或地区的特色文化。

二、具有独特的饮食文化

中国特色文化传承中，饮食文化也是重要的文化传承之一。中国上下五千年，饮食文化始终贯穿其中。人们常说“民以食为天”，就是体现了饮食文化的重要性。中国的饮食文化有着非常广泛的影响，不仅在中国广泛流传，也受到了世界各地的喜爱和追捧。中国的饮食文化是中国传统文化的精髓，也是中国人民的骄傲。中国的饮食文化丰富多样，饮食习惯有很大的差异，例如，粤菜以清淡、鲜美为特点，川菜则以麻辣、味重为特点。

中国饮食文化中的餐桌礼仪也博大精深，不同场合有着不同的礼仪和习俗。例如，宴会上通常会有主席和客席之分，宾客要注意就座礼节，上菜时也要注意顺序。另外，中国的饮食文化注重食材的选择和营养搭配。中国人有许多独特的食材，如猪肝、鸡蛋、豆腐、海鲜等，这些食材又有着独特的营养价值和烹饪方法，可以满足不同人群的不同需要。

要想了解一个国家，就需要了解一个国家的饮食，而一个国家不同地区的饮食习惯构成了这个国家的饮食文化。我国的饮食文化起源很早，可追溯至三皇五帝时期，燧人氏钻木取火后有了熟食，宿沙氏发明煮盐技术，使人们不仅懂得了烹还懂得了调，之后便是我国饮食文化形成的初期——周秦时期。明清时期则是我国饮食文化发展的又一高潮，这是唐宋食俗的延续和发展，同时又融入满蒙特色，饮食结构发生了巨大变化。

正是因为我国历史悠久，幅员辽阔，同时又由众多民族组成，饮食文化才能一直不断发展。我国历史上著名的“杯酒释兵权”“鸿门宴”等典故，都离不开饮食文化。由此可见，我国的饮食，上可安邦定国，体现大国风范；下至三教九流，体现朴素民情。

中国饮食文化是一种独特的文化现象，它不仅反映了中国人民的饮食习惯，也体现了中国人民的文化传统和生活方式。中国饮食文化是中华民族五千年悠久历史的精髓，是中华文明的重要组成部分。中国饮食文化具有以下特点。

多元化：中国是一个多民族国家，饮食文化多元。每个民族都有自己的传统美食，如汉族的炒菜、煎饼，少数民族的抓饭、拌面等。

品尝化：中国人讲究饮食品尝，对美食有许多品尝方式，也因而诞生了相应的活动，如品茶、品酒、品菜等。

社交化：中国人讲究社交，吃饭是聚会、交流的好机会，因此有了许多传统的社交宴饮，如婚宴、生日宴等。

健康化：中国人讲究健康，认为饮食与健康密切相关，因此注重膳食搭配、营养均衡，如吃五谷杂粮、讲究食疗等。

美食化：中国是美食大国，有着丰富的美食文化。中国人喜欢吃各种美味的食物，如小吃、烧烤、点心等。中国人也有很多传统的节日美食，如中秋节的月饼、端午节的粽子、元宵节的元宵或汤圆等。

家庭化：中国家庭讲究团圆，家庭成员常常围坐在一起用餐。家庭饮食文化可增强亲情纽带，非常受重视。

三、民间信仰影响颇深

信仰指对某种主张、主义、宗教或对某人、某物的信奉和崇拜，并将其奉为自己的行为准则。信仰是人类群体稳定发展的基石之一。强盛的文明，必有其信仰。作为一个广阔区域的核心文明、一个延续数千年的文明，中华文明也有自己的信仰。

中国的民间信仰是一种基于中国古代神话传说和宗教文化，融合了道、佛、儒等多种文化元素，形成的独特信仰体系。中国的民间信仰既有祖先崇拜、自然崇拜、神灵崇拜等传统信仰，也有针对生活、健康、财富等方面的实用信仰。

中国的民间信仰包括拜神、祭祖、祈福。许多节日和庆典也与信仰有着密切的联系，如春节、清明节、端午节、中秋节等传统节日，都是人们表达敬意和感恩之情的日子，同时也是祈求平安和幸福的日子。

儒家信仰是中国人信仰的重要组成部分，它以儒家思想为最高信仰，数千年间指引着中国人的世俗生活。数千年的潜移默化，儒家信仰早已和生活的方方面面相结合，不知不觉间烙印在每一个中国人的思想深处。

（一）尊重知识，重视教育

儒家信仰下的中国人非常重视教育。孔子的尊号是至圣先师，“师者，所以传道授业解惑也”，由此可见一斑。对知识的渴求、对教育的推崇，是我们中国人一代又一代传递下来的。《论语》的开篇是“学而时习之”；《三字经》开篇就讲不教性迁、玉琢成器之理，并举孟母、窦燕山为例；《千字文》收尾之句是“孤陋寡闻，愚蒙等诮”，这都是中国人最希望教给孩子的道理。

中国人所渴望与推崇的知识是广义的。周朝官学要求学生掌握六种基本才能——礼、乐、射、御、书、数，这应该是对全面素质教育最早的阐述。在古代中国，医、卜、相、数等也是社会普遍认可的职业。在今天，“让孩子学门手艺”也是父母们的共识。

（二）勤劳刻苦，艰苦奋斗

儒家信仰下的中国人，勤奋举世闻名。勤奋是基于生活的通盘考虑与计划布局，而自我克制惰性与欲望是“天行健，君子以自强不息”在微观生活上的映射，素为儒家崇尚。如孔子读书“韦编三绝”，见宰予昼寝，曰：“朽木不可雕也，粪土之墙不可圬也”；《孟子》“天将降大任于是人也，必先苦其心志，劳其筋骨，饿其体肤，空乏其身，行拂乱其所为，所以动心忍性，增益其所不能”；《朱子家训》云“黎明即起，洒扫庭除”等。勤奋是中国人的核心竞争力之一。只要有稳定的发展时机，我们就能凭借艰苦奋斗，出人头地、家兴业旺。

（三）处事执中

按儒家学说，执中是处理问题的最高智慧，大到治国理政，小到日常琐事，上至天子，下至庶民，均可应用。执中的含义大致为恪守中道、无过无不及、执两用中、和而不同、通权达变，其反义则是非黑即白、非敌即友的简单思维方式。子曰“舜其大知也与……执其两端，用其中于民”，说明做事前要明辨左右，随后在左右之间的某处取一个合适的点着手。这种思考方式便是儒家的“允执厥中”，即简单意义上的中庸之道。

中庸之道是无上大道，是只能接近但无法到达的最高境界，值得为之努力，《论语·雍也》中说“中庸之为德也，其至矣乎”，《中庸》中说“故君子尊德性而道问学，致广大而尽精微，极高明而道中庸”。中庸之道又是极易入门、万事可行、行必有果之道。《中庸》中说“君子之道，费而隐。夫妇之愚，可以与知焉”，即人皆能行之。

（四）有强烈的家庭责任感，看重亲缘纽带

在中国人心中，“四世同堂”是一个褒义词，“天伦之乐”是最惬意的享受。孩子是生命的延续，从生理角度看，举世皆然；但从心理角度看，其他文明族群少有像中国人这样看重亲缘纽带的。“春运”这一全世界规模最大的人口迁徙，便是最好的证明。

儒家要求人们讲孝悌，讲慈爱。孝，指对父母还报的爱；悌，指兄弟姊妹的友爱——简言之，孝敬父母、友爱兄弟。另一方面，儒家所谓的“孝悌”并不只是单方面的顺从，而是“父慈子孝，兄友弟恭”。《孟子》有云“申之以孝悌之义”“教者必以正；以正不行，继之以怒；继之以怒，则反夷矣……则是父子相夷也。父子相夷，则恶矣。古者易子而教之。父子之间不责善。责善则离”；《诗经·小雅·棠棣》中云“兄弟阋于墙，外御其侮”；《诗经·小雅·蓼莪》中则有“父兮生我，母兮鞠我。拊我畜我，长我育我，顾我复我，出入腹我。欲报之德，昊天罔极”；《论语·颜渊》中云“父父，子子”。以亲情为纽带能够缔造最为稳固和强大的关系，推而广之则可以构筑稳定、和谐的社会，这是儒家的观

点，也早已被中国人全体践行。

（五）以“智、仁、勇”为核心的自我要求

自我要求，即修身。修身是持续进行的自我完善，是儒家的核心要求。如《礼记·大学》有言“自天子以至于庶人，壹是皆以修身为本”；《诫伯禽书》中说“德行广大而守以恭者，荣”；诸葛亮《诫子书》中的“静以修身”，皆属此意。

儒家所要求的修身，其核心为“智、仁、勇”。《中庸》中有“知、仁、勇三者，天下之达德也”；《论语·子罕》中有“知者不惑，仁者不忧，勇者不惧”；《史记·平津侯主父列传》中则说“智、仁、勇，此三者天下之通德”。

仁，指仁爱，是最高的道德准则，要求从自身到亲人、众人，皆要关爱、爱护。《孟子·梁惠王上》中曰：“予观孟子以来，自汉高祖及光武及唐太宗及我太祖皇帝，能一天下者四君，皆以不嗜杀人致之，其余杀人愈多而天下愈乱。秦、晋及隋，力能合之，而好杀不已，故或合而复分，或遂以亡国。”知，通“智”，指智慧。人非生而知之，需学而知之，故智慧要从学习中来，《中庸》中就说“好学近乎知”。勇，即勇气，儒教不好小勇，《孟子·梁惠王下》中说“夫抚剑疾视曰，‘彼恶敢当我哉！’此匹夫之勇，敌一人者也。王请大之……文王一怒而安天下之民……一人衡行于天下，武王耻之。此武王之勇也”。

故，儒家信仰下的中国人拥有极高的道德水准，在危急关头，又是最勇敢、强大的群体，这使得我们成为世界上古文明中唯一延续至今的，能够在数千年间保持种、地、文不变的民族。

（六）有“治平”的抱负

儒家希望每个受教育的人都有治国平天下的远大抱负。《大学》为“四书”之首，它对学者的最高要求便是提升自我、完善自我，以平治天地，以德明天下。故朱熹倍加推崇《大学》，以斥贬世间神道虚妄之教、短视功利之学，朱熹在《大学章句序》中云：“大学之书，古之大学所以教人之法也……一有聪明睿智能尽其性者出于其闲，则天必命之以为亿兆之君师，使之治而教之……俗儒记诵辞章之习，其功倍于小学而无用；异端虚无寂灭之教，其高过于大学而无实。其他权谋术数，一切以就功名之说，与夫百家众技之流，所以惑世诬民、充塞仁义者，又纷然杂出乎其闲。使其君子不幸而不得闻大道之要，其小人不幸而不得蒙至治之泽，晦盲否塞，反复沈痼，以及五季之衰，而坏乱极矣……”

儒家思想的核心概念源自三皇五帝、历代先贤的圣言圣行，其人皆以天下兴衰、百姓亡苦为己任。例如伊尹（事见《孟子·万章章句上》）：“伊尹耕于有莘之野……汤使人以币聘之……（伊尹）曰，‘与我处畎亩之中，由是以乐尧舜之道，吾岂若使是君为尧舜之君哉？吾岂若使是民为尧舜之民哉？吾岂若于吾身亲见之哉？天之生此民也，使先知觉后知，使先觉觉后觉也。予，天民之先觉者也；予将以斯道觉斯民也。非予觉之，而谁也？’思天下之民匹夫匹妇有不被尧舜之泽者，若己推而内之沟中。其自任以天下之重如此……”

（七）“士大夫治国”

儒家主张，治理国家需要特殊的人才，即行政官员应是一种专门的职位，并非每个人都可为之。这种思想，加上“平天下”的抱负，逐步形成了中国“士大夫治国”的特点。中国历史上的士大夫是一个特殊的、相对固定的、不因政权更迭而改变的阶层，是知识分子和官僚的混合体。士大夫直接接触、管理人民，并将可能危害人民的力量（即国家暴力机器）与人民隔绝开，是一个特殊的中间层，尽力使人民安定，使社会有序。为使士大夫阶层更加“精英化”并增加流动性，中国古代还发展出了科举制度。

（八）推崇规则和秩序

儒家在社会生活方面的最高理想是具有稳定的秩序，也就是和谐，而“礼”和“化”则是达成这一目的的手段。礼，是行为的规范，以某种恰当的价值观和行为准则颁行天下，人民践行之，则可以逐步获得稳定。化，是针对不能尊礼的人而行的，其意思是教育、改进、感化，既不放任自流使社会有失序的风险，又不实行强制手段。这其实是兼顾了人与社会的双重利益。

儒家信仰下的中国人不轻易破坏秩序。遵守秩序则行事成本低，破坏秩序则代价极大，且重新建立新的秩序并不容易，但当秩序带来的痛苦达到阈值时，则会选择推翻旧秩序、建立新秩序。

（九）“大一统”

自上古起，中国人就有强烈的统一观念，其后，儒家继承并发扬之。《诗经》有言：“普天之下，莫非王土。率土之滨，莫非王臣。”《春秋公羊传》曰：“元年者何？君之始年也。春者何？岁之始也。王者孰谓？谓文王也。曷为先言王而后言正月？王正月也。何言乎王正月？大一统也。”董仲舒是大一统思想的积极践行者，其立论深刻地影响了接下来两千余年的中国政治格局与中国思想。大一统，即是政治上的，也是思想上的。

政治上，有鉴于诸侯攻伐及七王之乱，当时以晁错、董仲舒为代表的学者，主张政权统一，主张以郡县制替代分封制和半分封制（郡国并行制）。这一举措的施行，使得汉朝的行政成本、分裂隐患大幅降低，动员能力、抗风险能力大幅提高，接下来的三百余年不仅无严重边患，还有余力拓边；除王莽之乱外，基本无内部战乱，保证了政局的稳定和人民生活的安定。

思想上，罢黜百家，独尊儒术。罢黜百家，并非焚书弃智的废止百家之学，而是在国家中央政权层面上以单一思想作为价值观和指导思想，这也是儒学组织化和国家化的开始。至于独尊儒术，所尊的“儒”是以儒学为核心，充分吸收了道、法等百家学说的新学说，从这个角度来讲，儒学又是与时俱进、包容兼收的。思想上的大一统，使中国人道德准则、行事方式趋同，增强了内聚力，为后来的盛世奠定了基础，也使国家统一在每个中国人的内心被认可。

（十）天人感应与人本主义

天人感应之说，源自《尚书·洪范》，“曰肃，时雨若；曰乂，时旸若；曰哲，时燠若……”，意思是说君主施政态度能影响天气的变化。还有，子曰“邦大旱，毋乃失诸刑与德乎”，《孟子》曰“国家将兴，必有祯祥；国家将亡，必有妖孽；见乎蓍龟，动乎四体”。以上，皆表明代表着最高力量与决断的“天意”与居于其下的“人世”存在联系，“天”就是儒学的最高神。

天人感应第一层的字面含义，是君权神授，即帝王是上天所派授，统治万民。帝王德行善，则上天嘉之，不善，则上天罚之。如《诗经·大雅·文王》中“穆穆文王，于缉熙敬止。假哉天命，有商孙子。商之孙子，其丽不亿。上帝既命，侯于周服”。这一层含义与很多上古文明的信仰是一致的。然而，这不是儒学对天人感应的真正定义。

儒家对天人感应的真正定义，也是对天意、天帝的真正定义，即“天即是人，天意即是民心”。《孟子·万章章句上》中曰：“天子不能以天下与人……天与之者……天不言，以行与事示之而已矣……天子能荐人于天，不能使天与之天下……昔者尧荐舜于天而天受之，暴之于民而民受之……使之主祭而百神享之，是天受之；使之主事而事治，百姓安之，是民受之也，天与之，人与之……尧崩，三年之丧毕，舜避尧之子于南河之南。天下诸侯朝觐者，不之尧之子而之舜；讼狱者，不之尧之子而之舜；讴歌者，不讴歌尧之子而讴歌舜，故曰天也。夫然后之中国，践天子位焉……太誓曰‘天视自我民视，天听自我民听’，此之谓也。”可见，最高的神是天，而天其实就是人。这是儒家学说中伟大的人本主义，抛弃了制裁万物、不可捉摸的人格化的神，而代之以人民，即全体人民就是天。对此，毛泽东有一个十分经典、恰当的论断：“人民，只有人民，才是创造世界历史的动力。”此之谓也。

以上述十条为代表的儒家思想早已深深刻印在中国人心中，这就是中国人的儒家信仰。儒家信仰根植于我们内心，是我们道德、观念的来源，决定了我们政权、社会、家庭的结构。儒教信仰早已默化于中国人心中，这种默化是如此之深，如果不仔细思考，多数人甚至不会注意到。在儒家信仰的指引下，中国成为全世界唯一延续至今的古代原生核心文明，中国文明一次又一次地在不同时期成为最强大、最先进的文明。成就与信仰是如此的伟大，值得每一个中国人为之骄傲。

四、民间建筑别具一格

在中国的传统建筑文化中，民间建筑是非常重要的一部分。它们不仅是人们的居所，也是文化传承和历史记忆的载体。中国民居建筑在不同的历史时期和地区有不同的特点，传统民居是各地居民自行设计建造的具有一定代表性、富有鲜明地方特色的民家住宅。而传统民居文化在有人群的地方就必然会存在，且普遍存在，并受到老百姓的喜爱。

中国的民间建筑主要分布在农村和城市的老街区，其特点是结构简单、造型朴实、材料多样、功能多元，体现了中国传统建筑的技艺。在中国的民间建筑中，常见的有四合院、土楼、水镇建筑等。这些建筑的设计和建造都具有很高的技术和很深的文化内涵，是中国传统建筑文化的重要组成部分。

中国建筑的发展长河中，曾涌现多种经典的传统民居住宅，如蒙古包、四合院、晋中大院、陕北窑洞、徽系民居、浙江民居、西藏碉楼、湘西吊脚楼、客家土楼、傣家竹楼等。它们在历史长河中占据着重要的地位，并流传至今。在现代建筑中，四合院和徽系民居因兼容性强，仍被较多使用。如四合院是一种典型的建筑形式。它由若干个房间围合成一个院落，通常由正门、左右厢房和后院等组成。四合院的设计灵活多变，可以根据不同的需求和地理环境调整、改变。

传统民居建筑是城镇建筑创作的源泉，它不断发展，但这种发展多是继承自身传统、符合自身逻辑且循序渐进的。然而近几十年来，中国经济的快速发展打破了“循序渐进”，或多或少造成了某些传统的断裂。当代建筑设计过度模仿欧式建筑，导致市场样式单调，缺乏中国建筑设计的独特灵魂和内涵，这阻碍了中国当代建筑设计向更高的文化和艺术层次发展。

在当代建筑设计领域，我们应该注重呈现中国传统建筑文化的内涵。通过运用传统建筑文化的符号和元素，来表达我们对当代建筑和建筑文化的理解。在借鉴传统建筑文化的基础上，我们可以大胆创新，既体现传统建筑的特色，又融合当代建筑设计理念。同时，我们应该深入挖掘传统建筑文化，去除不符合时代发展的元素，保留精华的部分，使传统建筑文化焕发新的活力，并与当代建筑设计融合，幻化出更加优秀的建筑作品。许多中国民间建筑至今仍在使用，特别是一些具有历史和文化价值的建筑，有的甚至成为文化和旅游资源，为人们提供了了解中国传统文化的机会。如：

四合院：中国传统建筑中的典型建筑形式之一，在中国北方地区广泛使用。现在，许多四合院已经被改建成了民宿、咖啡馆、艺术展览馆等，成为文化和旅游资源。

土楼：福建、广东等地的传统建筑，由厚厚的土墙围合而成，有着很高的防御和抗震能力。现在，一些土楼被改建成了酒店或民宿等，成为旅游景点。

水镇建筑：江南地区的传统建筑，常见的有桥、亭、楼、阁、廊等建筑形式。现在，一些水镇建筑被改建成了酒店、餐厅、商店等，成为旅游胜地。

村落建筑：中国的许多村落中仍保存着传统的民居建筑，例如湖南省的凤凰古城、四川省的都江堰等。这些村落中的建筑被用作居住、商店等。

五、环境影响地域文化

环境决定最基础的生产方式，比如海洋文明的渔猎、大河文明的耕种、游牧民族的迁徙农业。而后期的文化来自社会实践，人民群众是文化创新的主体，比如爱琴海文明的出海打鱼和贸易就孕育出冒险精神。梁启超在《饮冰室合集》中比较沿海与内陆地理环境对民族文化发展的不同影响时说：“海也者，能发人进取之雄心者也。陆居者，以怀土之故，面种种之系累生焉。试一观海，忽觉超然万累之表，而行为思想，皆得无限自由。彼航海者，其所求固在利也，然求之之始，却不可不先置利害于度外，以性命财产为孤注，冒万险而一掷之。故久于海上者，能使其精神日以勇猛，日以高尚，此古来濒海之民，所以比于陆居者活气较胜，进取较锐。”

从历史而论，地理环境是文化创造的自然基础，是文化发展的历史舞台。而各个民族面临的不同环境下的生存挑战，正是民族文化发展差异的重要因素。正如列宁指出：“地理环境的特性决定生产力的发展，而生产力的发展又决定经济关系以及随在其后的所有其他社会关系的发展。”欧洲地理学派创始人孟德斯鸠在其著作《论法的精神》中认为，地理气候环境对于不同民族文化性格与精神形成有着决定作用。

但孟德斯鸠的“地理环境决定论”将人类复杂的社会文化现象简单地归因于

地理环境，认为地理环境决定人类社会的进程及文化精神，这是一种理论的偏颇和失误。历史唯物主义认为地理环境是民族文化发展的重要因素，却不是唯一的决定性因素。一种文化是文明还是野蛮，是先进还是落后，是清新灵动还是僵化死板，除了地理环境因素外，人文的作用是不可或缺的。

普列汉诺夫指出，地理环境主要通过生产力、通过社会组织影响社会发展。只有自然和社会、地理环境和生产方式相互影响的观点才能正确地说明地理环境在社会发展中的作用。从辩证角度出发，地理环境对民族文化发展的作用主要是通过物质生产活动来实现的。人们通过自身力量对自然的征服和改造，逐渐地将地理环境转化为人类社会文化发展的重要因素。故地理环境只是在一定程度上影响了民族文化发展，而这种影响主要通过各民族自身的活动实现。因为除地理环境外，民族文化发展还受到包括生产方式、社会形态、政治制度、文化习俗等在内的社会环境影响。正如黑格尔曾说："我们不应把自然界估量得太高或太低。爱奥尼亚的明媚天空固然大大有助于荷马诗的优美，但这个明媚的天空决不能单独产生荷马。"

早在五千多年前，亚洲东部的黄河、长江流域已经孕育出中华文明，灿烂辉煌的中华文明的发展有着这片辽阔土地自然地理环境的深刻烙印。钱穆《中华文化史导论》在比较古代四大文明发源地时指出，古代中国同古埃及、古巴比伦、古印度相比具有不同的特征，重要原因就在于其地理环境，"古代文明在小地区的肥沃区域里产生，独有中华文明因苦瘠而较广大的地区产生，因此不断有新刺激与新发展的前途，而在其文明生产过程中，社会内部亦始终保持一种勤奋与朴素的美德"。

中国国土面积辽阔，在气候上南北横跨热带、亚热带、温带、寒温带、寒带；地形西高东低，多山地丘陵，属于自然地理环境十分复杂的国家。在四大文明发源地中，黄河流域气候偏寒，黄河落差又极大，流经土壤疏松的黄土高原带走许多泥沙，致使黄河经常泛滥，甚至改道。汤因比在《历史研究》中就指出，人类在这里（黄河中下游平原）所要应对的自然环境的挑战就要比两河流域和尼罗河的挑战严重得多。

六、移民影响地域文化

移民对于社会和文化的影响是一直以来都备受关注的问题。移民带来的人口变化和文化差异不仅对国家或地区的社会、文化产生深远影响，同时也对移民本身的生活产生很大的影响。移民增加了某国或某地的人口数量，并且移民通常是年轻人，会提高当地的生育率，并在很长一段时间内影响该地的人口结构。比如，在加拿大、澳大利亚和新西兰，移民占总人口的比例已经接近 20%。又如，深圳的迅速崛起，与改革开放政策和全新的体制机制息息相关，让深圳一直保持活力的则是源源不断的优秀人才；上海浦东比浦西明显活力更强，浦东的临港又比浦东其他地区发展更快，这都是移民因素在起关键作用。

最有前景的地区总是移民占主导地位的地区，是外来人口推动了地区的发展。多元文化的汇聚、交流、融合，产生全新的文化；而移民们割舍了故土情怀，远离了原来的文化的影响，从而拥有全新的思维，进而迸发出巨大的能量，极富创造性。如此双重作用的结果，就是在此地形成一种更有利于地区发展的进步文化。

移民文化的精髓就在于斩断了传统的枷锁，给先进的制度和文化扫清了道路。发展意味着破除旧传统、旧文化的束缚，意味着抛弃不合时宜的落后体制，建立起一种包容性强、海纳百川的新型文化。制度和文化因素固然重要，但人才才是根本，只有广泛吸纳各方人才，国家和地区才有持续繁荣的可能。尊重不同民族、不同种族的人，勇于抛弃阻碍进步的落后文化和传统，吸纳有价值的先进文化，进而形成一种具有包容性的混合文化。这种文化含有多民族、多种族的优秀基因，因而具有综合性优势。

这种以移民文化为核心的优势文化有着优良的基因，是保持文化活力和地区活力的关键所在。各方人士源源不断流入的结果，就是这个地方成为令人羡慕的发展中心。所以说，判断未来哪个国家、哪个地区的发展前景好，一个简单的标准就是看它对外来移民有没有巨大吸引力，移民比重越大的地方，越具发展潜力。

第三节　地域文化的形成原因

地域文化的形成是历史发展的过程，是多方面因素融合的过程。这些因素大致可分为主观和客观两方面因素，客观因素主要是地理地貌、气候环境、交通条件、物产特点等，主观因素则是语言文字、政治制度、科学技术、生活习俗、文化教育等。

中国地形非常复杂，呈阶梯状分布——地形多种多样，山区面积广大，地势西高东低。地形的复杂，造成地理环境气候差异巨大，气候的不同又使得各地物产不尽相同。

而古代由于交通不便，人们大多在一个相对固定的地区生活劳作，世代繁衍，从而形成稳定的聚集。进入封建社会，这个聚集往往由一个封建君主统治，他们血脉相连，关系相近，语言文字相同，宗教信仰接近，生产科技水平共享，生活、饮食习惯相似，文教水平相当，久而久之，就形成了不同于其他地方的特有地域文化。

当然，我国各地地域文化的根源是源于黄河中下游地区的中原文化，只是在具体表象上有很大差异，这是因为地域文化是在发展过程中经过不断融合形成的。比如最初的优势文化为中原文化，后来随着人口增多、疆域扩大、人口迁徙，中原文化扩散至周边地区，随着其他民族的加入，并在经过相互融合、兼容并蓄、不断演变后，最终形成了以汉文化为主的众彩纷呈的地域文化。

地域文化形成的因素包括以下几个方面：

一、历史事件

历史事件对地域文化的形成具有重要作用。历史事件包括战争、迁徙、移民、贸易、宗教传播等，这些事件会带来不同的文化，从而形成不同的地域文化。例如，中国的长城是中国历史上的重要建筑，它不仅是中国古代防御体系的一部分，也是中国文化的象征之一。长城的建造，不仅影响了中国古代的政治、经济、军事，也影响了当地的文化传承和价值观的形成。

二、地理环境

地理环境是地域文化形成的重要因素。地理环境包括地形、气候、土壤等，不同的地理环境会致使当地人有不同的生产方式、生活习惯和文化习俗，从而形成不同的地域文化。例如，山区的人们因为道路崎岖，交通不便，往往形成自给自足的生产模式。再如，南极是地球上最寒冷的地方，当地的极端气候和环境条件影响了当地人的生活方式、饮食习惯和社会交往方式，从而形成了独特的地域文化。

三、经济发展

经济发展也是地域文化形成的重要因素。在经济发展的不同时期，不同的生产方式、生活方式和社会制度应运而生，这些因素对地域文化的形成具有深远的影响。例如，日本是世界上发达的经济体之一，日本的经济发展不仅影响了日本人的生产方式、生活方式和社会制度，也影响了日本文化的发展和传承。

四、社会制度

社会制度也是地域文化形成的重要因素之一。不同的社会制度会创造不同的社会组织形式和价值观念，这些因素对地域文化的形成起着重要的作用。例如，欧洲的封建制度是欧洲中世纪的社会制度，它影响了欧洲社会的组织形式和阶级关系，从而形成了欧洲的封建文化。

五、宗教信仰

宗教信仰对地域文化的形成也具有重要作用。宗教信仰包括宗教教义、宗教仪式、宗教传统等，这些因素都会影响当地人的思想观念和生活方式，从而形成不同的地域文化。例如，印度教是印度的主要宗教之一，印度教的教义对印度文化的发展和传承产生了深远的影响，从而形成了印度特有的文化。

第二章 中国古建筑的特点

中国古建筑属于世界原生六大古老建筑体系之一（其他为古埃及、古印度、古西亚、古希腊与罗马、古拉丁美洲）。它发源于黄河、长江中下游流域，经历了原始社会的萌芽、隋唐的成熟、元朝的衰败，而后到明清的式微，经过千万年的变革，成为世界建筑史中最独特且最能彰显民族特色的建筑形式。

建筑是时代的象征，也是文化的积淀。在人类历史上，人们用自己的汗水和智慧创造了辉煌的古代建筑文明。中国古建筑是历史最为悠久、体系最为完整的建筑体系，是中国文化遗产的重要组成部分。从单体建筑到园林布局，中国古建筑都处于古代建筑文明的领先地位。中国古建筑具有悠久的历史和独特的文化魅力，通常采用木结构和砖石结构相结合的建筑形式，以及特殊的屋顶形态和装饰风格；屋顶通常为悬山式、歇山式、拱券式或攒尖式等特殊形态，这些形态不仅美观，还能有效分散雨水和风力；装饰风格以简约、深奥、高雅为主，通常采用砖雕、木雕、石雕、彩绘等技艺，突出了中国传统文化的内涵；建筑常常与景观相结合，形成独特的建筑风格和环境氛围；建筑遵循风水，如方位、造型、格局等的选择都是为了吉祥、和谐、稳定。

第一节　中国古建筑的特点

中国古建筑是“凝固的古典音乐”，飞檐斗拱的亭台楼宇、恢宏壮丽的宫廷大殿、诗意的园林以及古朴的民居……这些分散各地的古建筑，共同演奏了这支气势磅礴的乐曲。在社会历史的进程中，中国古代建筑逐步成熟并自成体系，成为独具东方特色的“旗帜”，是东方哲学和文化的载体。它历史悠久，成就辉煌，不仅具有极高的文化内涵，而且在外观上能给人生动而具体的美感，其独特的风貌在世界建筑史的画卷中闪现着璀璨的光华。

一、对称布局

中国古建筑普遍遵循内向、含蓄、多层次的原则，力求平衡、对称，主要采用中轴线对称、整体性的群体组合布局。建筑群少则一个院落，多则几个或几十个不同层次的院落，以弥补单体建筑给人刻板印象的不足。此外，平面布局一般按照中轴线展开，采取左右对称的形式，以庭院为中心，四周房屋环绕。

对称布局在中国古代建筑中非常常见，它是中国传统建筑中非常重要的布局方式。对称布局可以分为中轴对称和左右对称两种形式。

中轴对称布局是指建筑物沿着中心线对称分布，左右两侧的建筑物在平面和立面上基本相同，形成中轴线对称的效果。这种布局常见于宫殿、庙宇和陵墓等宏伟建筑，如故宫和颐和园中的建筑，都采用了中轴对称的布局方式。这种布局方式一般寓意着权力、稳定和坚定不移。

左右对称布局则是指建筑物在中心线两侧对称分布，左右两侧的建筑物在平面和立面上相对称，形成左右对称的效果。这种布局方式常见于园林、庭院和寺庙等建筑，如拙政园中的建筑就采用了左右对称的布局方式。这种布局方式一般寓意着和谐、平衡和安宁。

无论是中轴对称还是左右对称，对称布局都是中国传统建筑的重要特点，它体现了中国人的审美和文化价值观，同时也反映了中国人对于和谐、平衡和秩序的追求。

中国古代建筑的布局通常有严格的方向性，即以南北向为主。大部分建筑群是由多个单体建筑组成的院落，从宫殿到宅邸均是如此。院落的布置一般遵循主轴线布局，将主要建筑物放在轴线上，次要建筑物分布在主建筑物前后两侧，东西对称，形成一个方形或长方形的院落。这种布局源自中国古代黄河中游的地理位置，同时也受到儒学中正思想的影响。这种布局不仅能够满足人们的生活需求，还符合中国古代社会的宗法和礼教制度。当需要更多的院落时，可以在主建筑前后延伸布置多进院落，并在主轴线两侧布置跨院（辅助轴线）。例如，曲阜孔庙就采用了这种设计，主轴线上设置了十进院落，并在两侧布置了多进跨院。而坛庙、陵墓等礼制建筑的布局则更加严谨、规范。尽管这种布局非常规范，但是多进、多院落的空间被布置成颇具特色的空间版块，使得整个建筑不显呆板、僵硬。例如北京的四合院，四进院落的平面和建筑立面各不相同，同时还种植了花卉、树木，摆放了山石、盆景，使得空间环境清新活泼又宁静宜人。

在平面群体组合方式上，古代建筑呈现出庭院式的组群布局，以中轴线为主要标志，封建伦理色彩浓厚，与古代崇中、从中、尊中的意识和封建社会的宗法及礼教制度密切相关。这种空间布局，也是区别于西方建筑的特征之一。

从古代文献记载来看，中国古代建筑在平面布局上有一个规律，即住宅、宫殿、官衙、寺庙等建筑都是由若干单体建筑和一些围廊、围墙之类环绕组成，宋朝欧阳修《蝶恋花》中“庭院深深深几许”的字句就反映了这种庭深似海的建筑组群。古代建筑追求井井有条，充分体现了中华民族统一、团结、稳定的愿望，是中国古代建筑的显著特征。

二、单体建筑标准化

从外观上看，中国古代建筑一般由三个部分构成：台基、屋身和屋顶。无论是宫殿、寺庙还是住宅，它们的外观都遵循这个基本结构。重要的建筑物通常建在台基之上，一般的台基为一层，而大的殿堂，如北京故宫太和殿，建在高大的三重台基之上。单体建筑的平面形状通常为长方形、正方形、六边形、八边形或圆形。这些不同的平面形状对构成建筑物的立面形象起着重要作用。因为中国古代建筑采用木构架结构，所以屋身的处理十分灵活，门窗、柱子和墙壁的样式和装饰通常根据建材和位置分别处理，这大大丰富了建筑物的外观。

在中国古代建筑中，单体建筑通常是按照一定的标准设计和建造的。这种标准化的设计和建造方式是中国古代建筑技术的重要特点之一，也是中国古代建筑能够保持高度一致性和协调性的重要原因之一。例如，宫殿的大殿通常按照一定的尺寸来设计和建造，其尺寸和布局也通常符合规范。同样，庙宇、陵墓等建筑也有相应的规格和标准。这些规格和标准不仅包括建筑的尺寸和布局，还包括建筑的材料、工艺和装饰等。

此外，中国古代建筑还有一套完整的建筑设计和施工流程。在设计方面，建筑师通常会首先进行地形勘测，根据地形条件和环境特点确定建筑的位置、方向和布局。然后，建筑师会根据建筑的功能和规格进行设计，确定建筑的尺寸、形状和结构等细节。在施工时，建筑师通常会根据设计图纸制作模型，并进行多次调整，确保建筑的稳定性和安全性。

院落是中国传统建筑常见的基本单元，通常由四周围合的房屋和一个天井组成。它在不同地区和不同历史时期有不同的形式和风格，但通常都遵循一定的规律和标准：院落的主体建筑通常面向南方，以利于阳光的照射；建筑结构通常是对称的（左右对称或前后对称），以达到平衡和谐的美感；设计通常注重通风、采光和空间布局的合理性，以适应生活和工作的需要。这些标准让中国传统建筑的院落在多个历史时期和多个地区都得到了应用，形成了独具特色的风格。

三、高台厚基

高台厚基是中国传统建筑中常见的设计。它通常用于在山区或者地势较高之地建造的建筑物，可保证建筑物的结构稳定。高台厚基通常由两部分组成——高台和厚基。高台是指建筑物基础上方的一段台地，通常是由夯土、石块等材料筑成；厚基则是指建筑物基础下方的一段较为厚实的基础结构，用以承载建筑物的重量，保证其稳定。

高台厚基的设计和施工需要考虑地基的承重、地下水位高低、土壤稳定性等因素，同时还要采用适当的建筑材料和建筑技术，以保证基础的稳定性和耐久性。高台厚基可以更好地承受建筑物的重量，增加建筑物的稳定性和安全性。同时，通过增加基础的面积和深度来降低地基沉降的风险，避免建筑物倾斜或坍塌。此外，它可以使建筑物的底部远离地面，从而降低了地下水渗入的风险，保护了建筑物的木质结构不易受潮。

中国很多著名的古代建筑都采用了高台厚基的设计和施工方式，其中比较典型的例子是故宫。故宫整个建筑群落位于地势较高之处，周围建有高墙，外面有护城河环绕。建筑基础下面是厚实的夯土，夯土的厚度与建筑物的高度相当，从而增加了建筑物的稳定性和安全性。

四、飞檐翘顶

飞檐翘顶是中国古代建筑中常见的建筑装饰形式，它是指建筑物檐口外延部分向上翘起，形如鱼跃。飞檐翘顶不仅具有美观的装饰效果，还有很好的防水和遮阳功能。在中国古代建筑中，飞檐翘顶的设计和施工需要考虑建筑物结构的稳定性和耐久性。一般来说，飞檐翘顶需要在檐口外延部分设置斜撑或者支撑柱，以保证结构的稳定性和承重能力。同时，还需要使用适当的建筑材料，如瓦片、青石、木材等，以保证飞檐翘顶的耐久性和美观度。

飞檐翘顶在中国古代建筑中被广泛应用，尤其是在寺庙、宫殿等建筑中更为常见。它不仅是中国古代建筑中的一种重要装饰形式，也是中国传统建筑文化的重要组成部分，体现了中国古代建筑师和工匠的智慧与艺术创造力。

飞檐翘顶的历史大约可以追溯到汉朝。汉朝时期，中国的建筑技术和艺术水平有了很大的飞跃，出现了许多极具代表性的建筑，如洛阳白马寺、洛阳东汉石门、洛阳白虎观、洛阳北宫等。随着时间的推移，飞檐翘顶的设计和施工技艺也不断改进和完善。唐朝时期，中国的建筑技术和艺术水平达到了一个新的高峰，许多具有代表性的建筑，如大明宫、佛光寺等，都采用了更加精细和复杂的飞檐翘顶设计。随后的宋、元、明、清等时期，飞檐翘顶的设计和施工技艺继续改进、发展，成为中国传统建筑的特色。

自殷商始，屋顶的形式就极受关注，历代匠师不惮繁难，集中构造之努力于此。屋顶出檐并向上仰翻，不似屋顶单纯出檐那样遮挡屋内光线，阻碍空气进入。屋顶有坡度，且在上面铺设瓦片，设脊吻，有利于雨水顺流而下，屋顶不积水。屋顶出檐并向上仰翻的弧形造型，展示出独特的形态之美，给人向上的动态感。角梁、翼角、椽及飞椽、脊吻等的应用，形成了屋顶坡面、脊端及檐边、转角各处曲线，柔和壮丽。飞檐翘顶堪称中国建筑物之冠冕。

在中国传统文化中，飞檐翘顶被视为吉祥的象征，具有辟邪招财的作用。因此，在许多有飞檐翘顶的建筑中，都可以看到龙、凤、狮等神兽，这些图案寓意着吉祥，此外还可以看到许多精美的雕刻和装饰，不仅具有美学价值，还是中国传统建筑文化的重要组成部分。

五、重装饰，重彩绘

中国古代建筑的装潢非常注重细节，无论是建筑的哪个部位或构件，都要进行美化。这些装饰元素是用土、木等自然材料制作，利用木架的组合和各部件的形状、质感等进行艺术加工，使建筑的功能、结构和艺术得到统一。古代建筑师注重在建筑单体的各个部件上创造丰富多彩的艺术形象，使每个构件都能起到装饰之用，这是中国古代建筑装饰的基本特点，也是中国古代建筑外观形象的重要表现之一。雕栏玉砌的亭台楼阁、气势磅礴的宫殿城池、祥和宁静的乡村民居所拥有的巧妙的梁枋构件、丰富多彩的门窗样式、栩栩如生的砖雕艺术、精巧自然的装饰之道，都给我们以艺术的享受。

在建筑形态上，古代建筑最显著的特征就是屋顶。中国古代建筑的屋顶形式多样，其中以反宇飞檐为代表的屋顶形式最具代表性。宋朝后采用琉璃瓦等装饰的屋顶美丽壮观，成为古代建筑突出的特色之一，给人留下深刻的印象。为了保护木构架，古代建筑需采用较大的出檐，但这样会影响采光和屋顶雨水的排放，于是采用反曲屋面或屋角起翘等方式来解决该问题，使屋顶和屋角显得更为轻盈灵动。

中国古建筑的屋顶之美，不仅因为它“没有一处不是曲线的”，轻巧活泼而又“如翚斯飞”，更在于它对斗拱的运用。斗拱的形式多样，有方形、长方形、三角形、六角形、八角形、十二角形、十字形、圆形、半圆形、桃形、扇形、日形、月形和梅花形等。

中国古代建筑的台基和台阶常采用雕饰和栏杆，以增添庄严、雄伟之气。屋顶的装饰则使屋顶的轮廓更加优美，更具艺术气息。例如，故宫太和殿的重檐庑殿顶，正脊两端各有一大吻，四条垂脊的檐角饰有琉璃仙人和神兽，这些装饰元素增加了屋顶形象的艺术感染力。

门窗和隔扇是分隔室内外空间的重要装饰元素，它们通过各种样式、花纹和色彩来增强建筑物立面的艺术效果；内部常用隔扇门、板壁、多宝格、书橱等来划分房屋内部空间，以产生既分隔又连通的效果；几腿罩、落地罩、圆光罩、花罩、栏杆罩等也是划分室内空间的常用物件，罩绘以花卉或题字为主，使室内充满书卷气息，增添了建筑的文化内涵。

雕饰作为古代建筑装饰的重要组成部分，不管是墙壁上的雕砖，台基栏杆、柱上的石雕，还是殿、塔上的金雕、银雕、铜雕等，无一不是雕刻精细，形象生动，令人叹为观止。

彩绘是中国古代建筑中不可或缺的一种装饰艺术。它最初是用防腐、防虫的油漆施在梁、柱、门、窗等木构件上的。随着时间的推移，彩绘发展成为一种艺术形式。在古代建筑中，彩绘的等级有严格的划分，彩绘的内容和题材也因建筑物的不同而有所区别。例如，和玺彩绘是最高级别的彩绘，主题以龙为主，通常绘制在外朝、内廷的主要殿堂，格调华贵；旋子彩绘则是一种图案化彩绘，画面布局简洁灵动，常用于次要宫殿及配殿、门庑等建筑上；苏式彩绘则以山水、人物、草虫、花卉为主题，多用于园林中亭台楼阁的装饰。彩绘的施画技法也十分丰富，刻画、填色、描绘、点染等多种技法使得彩绘更加丰富多彩，与建筑物的结构和装饰相得益彰，三者共同构成了中国古代建筑的独特风貌。可见，彩绘不仅为建筑物增添了艺术气息，同时也是中国古代文化的重要组成部分。

六、庭院式布局

中国古代建筑的庭院式布局是一种独特的建筑设计风格，它将建筑物组合成一个个庭院，通过庭院之间的连通和错落有致的布局，形成具有整体性的建筑群体。庭院式布局最早出现在周朝的宫殿建筑中，随着时间的推移，逐渐普及到寺庙、园林和民居等其他建筑中。庭院式布局的特点是采用对称的方式，沿着纵轴线和横轴线将建筑物分成多个庭院，每个庭院都有不同的功能和特色。

在庭院式布局中，主要建筑物通常位于纵轴线上，而次要房屋和其他附属建筑则位于其左右两侧的横轴线上。庭院之间用走廊、回廊等相连，构成一个整体，形成一个动静相生、错落有致的空间布局。庭院式布局的优点是它可以将建筑物和自然环境融为一体，使得建筑物更加和谐、自然。同时，它也可以使人们在建筑物中感受到不同的景观，增强了游览的趣味性和体验感。

中国古代建筑以“间”为单位，将单体建筑组成庭院，再以庭院为单位组成各种各样的集群。这种庭院式的组群布局遵循对称原则，与封建社会的宗法和礼教制度密切相关，体现了尊卑之分。

与欧洲建筑相比，中国古代建筑的庭院式组群布局具有独特的艺术魅力。与欧洲建筑通常采用直观明了的布局不同，中国古建筑的布局更像一幅中国长卷，不能一次性全面呈现，需要逐步展现。在中国古建筑中，人们只能通过一个庭院进入另一个庭院，必须全部走完才能欣赏完整的景色。每穿过一道门，就进入一个全新的庭院，这种逐步展现的方式给人留下了深刻的印象。这种布局方式为建筑增添了层次感和神秘感，使人们在欣赏建筑时不断发现新的美，体验独特的文化魅力。

中国古代最为著名的庭院式布局建筑就是北京故宫。故宫是中国现存规模最大、保存最完整的古代宫殿建筑群。故宫的庭院式布局以中轴线为基准，分为外朝和内廷两部分，并采用对称的方式将建筑物分成多个庭院，每个庭院都有不同的功能和特色。重要建筑位于纵轴线上，次要房屋则位于横轴线上，布局严谨，富有序列感。故宫是中国古代建筑庭院式布局的典型代表，具有深厚的历史文化内涵和独特的艺术价值。

七、色彩的施用

中国古建筑的彩绘为古建筑增添了无限光彩，具有很强的装饰性。古建彩绘多用矿物颜料中的丹或朱以及黑漆桐油等涂料敷饰在木结构上，以防腐防蠹。建筑装饰色彩严格服从建筑的社会功用，如宫殿以红、黄暖色为主，祭坛以蓝、白冷色为主，园林以灰、绿、棕色为主，民居以黑、白为主。根据地域，色彩运用也不尽相同，南方多用白墙、灰瓦和栗、黑、墨绿等色的梁柱形成淡雅秀丽的格调，而北方则多用黄、绿、蓝等明亮色彩。

不论是装饰还是彩绘，都有严格的规范，这能极大地加快设计和施工的速度。前文提到过，彩绘分为和玺彩绘、旋子彩绘和苏式彩绘三种，和玺彩绘等级最高，一般限于宫殿建筑，以描龙画凤和大量使用沥粉贴金为特点。旋子彩绘等级次于和玺彩绘，一般为豪宅、庙宇使用，以蓝绿基调上绘旋子花为特色。苏式彩绘在园林和民居中应用普遍，色彩鲜艳明亮，内容丰富多彩，形式活泼灵动。

早在西周时期，古建筑就运用颜色作为“明贵贱、辨等级”的手段。到了春秋时期，宫殿建筑的柱头、护栏、梁椽、墙体都开始绘制彩绘，并以朱红、青、淡绿、黄灰、白、黑等颜色为主。随着时间的推移，彩绘的意义变得更加具象化。秦代继承了战国时期的礼仪，更加重视黑色的使用。汉朝时，周朝的阴阳五行理论得到发展，五色代表方位的意义也变得更加具体。

古人认为，春天为青，方位为东；夏天为赤，方位为南；秋天为白，方位为西；冬天为黑，方位为北；黄色相当于土，位居中央。在这种观念下，建筑装饰在色彩使用时非常谨慎，宫殿、坛庙建筑以红墙黄瓦衬托着绿树蓝天，显得分外辉煌壮观；屋檐下的阴影部分，室内梁、柱、天花板上绘有精美彩画，使整个建筑光彩悦目；民居、道观、园林或是白色粉墙，青灰瓦顶，与青山绿水相掩映，或是土墙青瓦，与岩影涂色相协调，形成朴素淡雅、返璞归真的和谐意境。

八、框架式结构

这是中国古建筑的重要特点。因为中国的古建筑多为木框架结构，采用木材作为主材料，在实际建造中充分运用木材的力学性能，用木柱和木梁构成房屋的框架，屋顶和屋檐的重量通过框架转移到柱子上，构件之间通过榫卯结构连接，墙只是作为隔断，而不承担房屋重量。古谚“墙倒屋不倒”，就点明了中国建筑框架结构的重要特征。屋顶—椽子—檩条—梁架—柱子，这种架构体系是中国古建筑的主要建筑风格。

中国古建筑的框架式结构广泛应用于宫殿、寺庙、民居等建筑。框架式结构的主要特点是采用榫卯结构，即通过将木材的端部制成榫头和卯眼来实现木材之间的连接。这种结构具有牢固、稳定、可拆卸、可修复等优点，同时也能够适应地震等自然灾害。

在框架式结构中，建筑物的主体构架是由柱、梁、枋、斗拱等构件组成的。这些构件通过榫卯相互连接，形成一个整体结构。框架式结构可具体细分为：

穿斗式木构架：用穿枋把柱子串联起来，形成一榀榀的房架。檩条直接搁置在柱头上，再用斗枋把柱子串联起来，由此形成一个整体框架。多见于江西、湖南、四川等地。

抬梁式木构架：柱上搁置梁头，梁头上搁置檩条，梁上再用矮柱支起较短的梁，如此层叠而上，梁的总数可达三至五根。当柱上采用斗拱时，则梁头搁置于斗拱上。多见于北方地区及宫殿、庙宇等规模较大的建筑物上。

插梁式木构架：抬梁和穿斗的变体，梁上加童柱，辅以厚板，梁插柱中，柱头接檩。立柱之间的横向连接是梁而不是穿枋，既有拉结作用又可承受童柱传递下来的重量。另外，插梁还常与砖墙互相配合，常见于岭南地区。

井干式木构架：井干式是一种不用柱子和梁的构架形式。它以圆木或矩形、六角形木料平行向上层层叠置，转角处木料端部交叉咬合，形成房屋四壁，木头部分既是结构部分又是围护部分。常见于东北、西南等森林茂密之地。

木架构体系在不断地发展和完善，但一直保留着以上几种结构形式，几乎没有太大变动。以台基、屋身、屋顶为组合的三段式建筑自形成以来一直沿用至今。

九、斗拱

斗拱是中国传统木构架建筑中的重要构件，它的作用是在柱子上支撑悬挑的屋檐。斗拱由斗形的垫木块和弓形的短木组成，逐层纵横交错叠加成一组上大下小的托架，安置在柱头之上，用以承托梁架的重量和向外挑出的屋檐。除了向外挑檐和向内承托屋顶外，斗拱的主要功能还包括保持木构架的整体性，是大型建筑中不可或缺的重要部分。随着时间的推移，斗拱的形态和排列方式也发生了变化，斗拱变小，不再起结构作用，而是成为一种饰物，用以显示等级差别。

斗拱最早出现在南北朝时期，当时主要用于支撑建筑物的檐部和屋顶。随着时间的推移，斗拱的制作工艺不断发展，使用范围不断扩大。到了唐朝，斗拱的造型越来越多样化，出现了翘角斗拱、梁形斗拱、弓形斗拱等，这些斗拱不仅具有实用性，还具有高度的装饰性。到了宋朝，斗拱的制作技艺达到了新的高峰。以梁形斗拱和弓形斗拱为主，其形态更加精致、华美，成为当时建筑艺术的代表之一。明朝时期，斗拱逐渐演化出了更多的形态，莲花形、龙凤斗拱等不仅展现了斗拱制作技艺的高超，也反映了当时的审美和文化特点。清朝，斗拱的使用逐渐减少，取而代之的是更为精致的石雕和木雕装饰。但在一些传统建筑中，仍然可以看到斗拱的身影，如恭王府的“九蟠斗拱”、颐和园的“十二蟠斗拱”等。这些斗拱既具有实用性，又具有很高的艺术价值，是中国古代建筑中的瑰宝。

虽然现代建筑采用了更加先进的建筑材料和技术，但是斗拱作为中国传统建筑文化的重要组成部分，其装饰性、历史文化价值和艺术价值仍然备受关注。中国的一些文化建筑，如博物馆、展览馆、文化中心等，常常会采用斗拱等传统文化元素，以增添建筑的历史和文化价值。此外，在一些高档别墅和酒店等建筑中，斗拱也常常被运用于大堂、门厅等的装饰中，以增强建筑的豪华感。

十、“天人合一”的建筑环境

“天人合一”是中国古代哲学思想的重要组成部分，也是中国古代建筑的核心理念。它指的是建筑环境与自然环境、人文环境相融合，以及建筑与自然、人文之间的和谐关系。在中国古代建筑的设计中，总是力求将建筑与周围的自然环境和谐地融合在一起，形成一个自然、宜人的生活环境。

在建筑环境的设计中，中国古代建筑师通常会以山水、花木等自然景观为依托布置建筑物，使建筑与自然环境相得益彰、相互映衬，构成一个和谐、统一的整体。同时，在建筑设计中，中国古代建筑师还注重人文环境，将建筑与人文景观相结合，如古代庭院中的假山、廊道、雕塑以及寺庙、宫殿等建筑中的壁画、雕刻等都是为了营造一个人文气息浓厚的建筑环境。

中国古典园林的一个重要特点是注重意境表达，这与中国古典诗词、绘画、音乐的审美理念相同，都强调写意和抒情。园林艺术家通过运用山水、花木、建筑等元素来表现某种精神境界，因此中国古典园林也被称为“写意山水园”。在造景艺术创作方面，园林艺术家从自然中汲取灵感，塑造典型，将升华自然美为艺术美作为目的，表现自己的情感。在园林景致中，赏景者会引发内心某种情思，并升华为一种意境，因此赏景也是一种艺术再创作，这种再创作是一种精神升华，能够使人心性开阔，达到更深层次的思想境界。

中国古典园林中，景的意境大致可分为治世境界、自然境界和神仙境界。治世境界主要出现在皇家园林，反映儒家思想的政治理念和价值体系；自然境界则主要出现在文人园林中，反映庄子思想的自然恬淡和修身养性；神仙境界则反映在皇家园林与寺庙园林中，反映佛教和道教追求涅槃和修为的精神内涵。中国古代建筑艺术不仅展现出非凡的美感，还能够在维护政治制度、强化思想意识方面发挥积极作用，这是中国古代建筑的又一精神内涵特征。

中国古代建筑艺术深深植根于传统文化，表现出强烈的人文主义精神，强调人的尊严和内心的感受。它不仅关注建筑本身的美感和实用性，还注重体现文化内涵和社会意义。中国古代建筑艺术具有强烈的总体性和综合性。它不仅注重建筑的整体性和协调性，从空间组合到色彩装饰都是整体的有机组成部分，任何一项因素的缺失或改变都可能破坏整体效果。因此，中国古代建筑艺术作品往往将一切因素和手法综合成一个整体，以达到更高层次的审美境界。

第二节　中国古建筑群的组合方式

除了功能，中国古建筑还具有极其重要的象征作用。主人社会地位不同，建筑选取的材料也不同。如古时候只有皇帝的服饰是黄色，所纹样式为龙，而其他官员根据身份和地位也有相匹配的服饰要求。建筑中亦是如此：

殿式建筑：即宫殿，为帝王后妃起居之所，佛教建筑中的大雄宝殿、道教建筑中的三清殿等也属此类。殿式建筑的特点是宏伟，瓦饰、建筑色彩和彩绘都有寓意。

大式建筑：比殿式建筑级别低，但又有别于民间建筑，它是各级官员和富商缙绅的宅第。该建筑不用琉璃瓦，斗拱、彩绘也有严格规定。

小式建筑：普通百姓住房或衙署等建筑。

建筑基本没有单栋独立出现的，大多以群体出现，根据功能，建筑可分为以下几种：

住宅建筑：北京四合院。

行政建筑：府衙、公馆、宫殿、驿站、军营、贡院等。

礼治建筑：分为两类，一类用于祭祀，如祭台；一类用于祭祖和日常供奉，如祠堂、太庙。

宗教建筑：佛教寺庙、道教道观。

商业建筑：茶馆、酒肆、会馆、作坊、旅店、商铺。

文化教育与娱乐建筑：官办的国子监以及私人学堂、藏书楼、戏楼。

园林与风景建筑：皇家园林、亭台楼阁。

市政与标志性建筑：望火楼、牌坊、桥梁、钟楼。

防御性建筑：城楼、角楼、门楼、箭楼。

中国古建筑群通常包括殿堂、庙宇、楼阁、亭台、园林等建筑类型，其布局和组合方式对于整个建筑群的气势和风貌有着重要的影响。在中国古代，建筑群通常采用“三进院落”“五进院落”“九进院落”等规模不等的组合方式，形成有序而庄严的建筑格局。其中，“三进院落”是最基本的组合方式，由前门、正厅和后堂三个部分组成，是中国古代建筑群的标准布局。随着时间的推移，建筑群的组合方式逐渐丰富。在唐朝，建筑群开始采用“三进五开间”的组合方式，即在“三进院落”的基础上，增加两个独立的建筑单元，构成“五开间”，形成更为宏伟和壮观的建筑。在明朝，建筑群的组合方式则更加复杂和精细，常采用“三进三合”“五进五合”等方式，通过合院的形式将多个建筑单元组合在一起，形成更为丰富的建筑格局。

一、“三进院落”

“三进院落”是中国传统建筑中常见的住宅形式，也被称为“四合院”。它由四个分别位于东、南、西、北的建筑物组成，四个建筑物围成一个方形的庭院。这四个建筑物通常被称为正房、左厢房、右厢房和后厢房。“三进院落”由三个院落组成，每个院落之间都有一道门，形成三道门洞。第一进是大门进，通常位于院落的正中央，是进入庭院的主要入口。第二进是厢房进，位于大门进的内侧，它连接着左、右两侧的厢房，是庭院内的主要生活区域。第三进是后厢进，位于庭院的后方，连接着后厢房，通常用作存储物品或饲养动物。

“三进院落”不仅是一种住宅形式，也是一种文化传统的象征。它建筑结构合理，能够提供良好的采光、通风，也具有隐秘性，为人们提供一个安静、舒适的生活环境。它的主要特点包括以下几点。

四合院布局：四个建筑物位于东、南、西、北四个方向，围成一个方形的庭院。

三进制：庭院内分为三个进深，包括大门进、厢房进和后厢进，每个进深之间都有门洞相通。

建筑布局合理：四个建筑物之间相互独立，结构合理，能够提供良好的采光、通风，也具有隐秘性。

中轴线对称：庭院内的四个建筑物都沿着庭院的中轴线对称排列，形式简洁，整齐划一。

艺术性强：庭院内的建筑物、围墙、门窗等都具有浓郁的民族特色和艺术气息，反映了中国古代建筑的独特魅力。

二、“五进院落”

“五进院落”比“三进院落”多了两个进深，整个庭院共分为五个进深。“五进院落”通常由五个建筑物组成，包括大门、前厅、后厅、左厢房和右厢房。其中，大门和前厅是庭院内的主要生活区域，后厅通常用作休息和娱乐的场所，左、右厢房则是客人或家庭成员的居住场所。

“五进院落”在结构和设计上比“三进院落”更为复杂，需要更大的空间和更高的技术水平。它的布局和设计都注重对称和平衡，通过巧妙的空间布局，营造出宽敞、明亮、舒适的生活环境。在中国传统建筑中，有许多著名的“五进院落”建筑，如北京的恭王府等，它们不仅是中国传统建筑中的杰出代表，也是中国文化和历史的重要遗产。

三、“九进院落”

“九进院落”也被称为“九合院”。它由分别位于东、南、西、北四个方向的九个建筑物围成一个方形的庭院。这九个建筑物通常被称为正房、左厢房、右厢房、前厅、后厅、左配房、右配房、左耳房和右耳房。

“九进院落”得名于它由九个进深组成，包括大门进、前厅进、后厅进、左配房进、右配房进、左耳房进、右耳房进、左厢房进和右厢房进。每个进深之间都有门洞相通，形成九道门洞。“九进院落”在中国传统建筑中较为少见，它的建筑结构更加复杂、空间更加宽敞。通过九个进深的设计，庭院内部的空间被更加细致地划分，各个功能区域的联系和分离更加明显，形成了丰富、复杂的空间层次感。目前，“九进院落”已经很少被用于住宅建筑。

第三节　中国古建筑平面布局方式

中国建筑组群的布局方式大致可划分为对称式布局和自由式布局。大部分建筑是对称式布局（如宫殿、寺庙等），自由式布局在园林中用的较多（如承德避暑山庄等），但是园林中又有一些部分是对称式布局。

一、对称式布局

中国古代建筑文化对于空间意识和对称观念非常重视，这种文化传统延续数千年，体现在建筑群体的布局和组合上。中国古代建筑常采用中轴线布局和对称式布局，这种布局方式不仅与封建伦理文化相关，也与中国人的崇中、从中、尊中的思想有关，是中国古代建筑特有的设计特点之一。建筑群体的组合也非常注重与自然环境、人文环境融合，通过庭院的形式将多个建筑单体组合，形成博大、壮观的建筑群体。四合院是中国古代建筑群体组合的基本单元，也是住宅的主要形式，所有宫殿、寺庙、园林、住宅等建筑都可以通过四合院的方式进行组合。这种建筑群体是以间为单位构成单座建筑，然后再以单座建筑组成庭院，最终以庭院为单位组合成各种类型和规模的建筑群体。

中国古建筑通常以中轴线为主要标志，采取均衡对称的方式来布局。中轴线一般沿着建筑物的中心轴线或中央轴线布置，是整个建筑群体的核心，贯穿整个建筑。中轴线可以由建筑物、庭院、广场等组成，通过对称的方式来体现建筑的整体平衡。在平面布局中，建筑物一般呈长方形，分为前、后、左、右四个部分，也就是前厅、后厅、左厢房和右厢房。这种布局方式被称为“四合院”，是中国古代传统建筑的典型形式，也是民居的主要形式。在四合院中，建筑物围合出一个中心庭院，庭院中通常种有花草树木，形成一个自然的景观。

四合院的布局由于有较大、较完整的院落，使得闭塞的建筑内部有了丰富的交流和活动空间，既符合自我封闭、对外防备的文化心理需求，又加强了内部的沟通。也正是因为这种空间形态很好地适应了中国人的生活方式和家族观念，因此具有极强的生命力。

中国古代建筑的设计原则中，对称、均衡、和谐是最重要的三个原则。

对称是中国古代建筑设计的基本原则。这个原则要求建筑物在平面布局和立面形式上呈现出左右对称的特点，建筑物、庭院、广场等形成一个和谐、平衡的整体。对称不仅体现在建筑物的整体布局上，还体现在建筑的各个细节，例如门窗、雕刻等。

均衡也是中国古代建筑设计的核心原则。这个原则要求建筑物在形式、色彩、质地等方面达到均衡、和谐的状态。建筑物的各个部分要在整体中达到均衡，不要出现过于突兀或不协调的情况。此外，建筑的材料和颜色也要均衡、和谐，不要过于花哨或过于单调。

和谐是中国古代建筑设计的最终目标。它不仅仅是对称和均衡的简单堆砌，还包括建筑与自然环境、人文环境的融合。建筑要合理地融入自然环境中，充分利用自然光线和风景，同时要与周围的人文环境相协调，与社会文化、历史风貌相契合。

中国古代建筑对称、均衡、和谐的设计原则是相互关联、相互促进的，是中国古代建筑文化的核心。这些原则不仅体现在建筑的整体布局和形式上，还体现在建筑的细节、材料和色彩等方面，使得中国古代建筑具有独特的审美价值和文化内涵。

二、自由式布局

中国古建筑的自由式布局并非常见的设计形式，因为中国古代建筑文化注重对称、均衡、和谐，追求整体的完美、平衡。因此，自由式布局在中国古代建筑中并不常见。自由式布局通常指建筑物或建筑群体的布局不遵循对称、均衡原则，而是根据实际需要和设计目的随意布置。在中国古代建筑中，自由式布局的例子比较罕见，但也有一些特殊的案例。例如，明朝建筑家杨廷和设计的承天寺就采用了自由式布局，将建筑物分布在山坡上，以顺应山势的变化和寺院功能的需要。再如苏州的园林建筑。苏州的园林建筑以自然为主题，依据自然的地形、地貌和气候条件来设计，布局自由。拙政园中的山石和水池、荷花等自然元素被巧妙地安排在园林中，将自然美和艺术美完美结合。

自由式布局在园林中使用较多，但是园林中又有一些是对称式布局，如承德避暑山庄。避暑山庄根据地形分为四大区域：宫殿区、湖泊区、平原区、山峦区。其中“澹泊敬诚殿”“四知书屋”“烟波致爽”“云山胜地”等建筑格式对称，布局严谨。

第四节　中国古建筑艺术装饰特点

中国古代建筑在世界建筑史上占据着重要地位，具有悠久的历史和杰出的成就。中国古代工匠充分发挥了木构架结构的特点，创造出庑殿、歇山、悬山、硬山、单檐和重檐等不同形式的屋顶，并在屋顶上塑造出鸱吻、宝顶、走兽等独特的个体形象。此外，在门窗上还能看到千变万化的窗格花纹式样。这些古建筑装饰使得以木构架为结构体系的单幢房屋和群体空间形态具有了思想内涵，使得人们对建筑艺术有了更深层次的理解和探究。

一、中国古代建筑的装饰艺术

中国古代建筑的装饰形式多种多样，其中台基、木柱、门窗、屋顶等装饰元素是最为常见的，这些装饰元素都是为了增加建筑的美感和艺术价值。比如，在古建筑的台基四周设置栏杆，栏杆上做浮雕装饰，望柱柱头呈动物状、植物状或几何状，排水口雕刻成螭头等，这些都是台基装饰的具体表现形式。这些装饰元素的运用，不仅让古建筑在外观上更加华丽、精美，而且也让它们在文化、艺术层面有了更深层次的内涵和更高的价值。木柱装饰是指在古建筑的成排木柱下方设置石柱础，石柱础经过雕饰呈现各种形态，例如线脚状、莲花瓣状、鼓状、兽状等，形象多变，栩栩如生。门窗装饰是指在古建筑的门窗上进行装饰处理，例如门钉、门环、门簪等。窗格上也可以加以美化，出现了菱纹、步步锦、各种动植物和人物组成的千姿百态的窗格花纹。屋顶装饰是指在古建筑的屋顶上进行各种装饰处理，例如屋脊上的线脚、动物、植物或几何图形以及宝顶等。装饰类型大致有以下四种。

木构件雕刻：在古代建筑中，木构件是最重要的构件之一，如梁、柱、榫卯等。这些木构件经常被雕刻上各种花纹图案或动物形象，如龙、凤、狮子、麒麟等。这些雕刻不仅起到装饰作用，还有吉祥如意的象征意义。

石雕：在古代建筑中，石材的使用广泛，如石柱础、石狮、石马、石像等。这些石雕呈各种形象，如人物、动物、植物等，形态各异，栩栩如生。石雕还常被用于建筑的装饰部分，如门、窗、楼梯、屋脊等，以及建筑的园林景观中。

瓦雕：在古代建筑中，瓦是非常重要的材料之一，用于屋顶、屋脊、脊头等处。瓦雕是一种将瓦片进行切割、雕刻、组合而成的艺术形式。瓦雕常常被雕刻上各种形态的动物、植物、几何图案等，形象生动，寓意深刻。

画像：在古代建筑中，画像也是一种重要的装饰艺术形式。画像包括壁画、彩绘、书法等，用于墙面、天花板等处。画像内容丰富，有历史人物、神话故事、山水风景、花鸟虫鱼等，色彩鲜艳、形象逼真。

二、中国古代建筑中的传统装饰内容

植物纹和动物纹是中国古代建筑装饰中最常见的元素。植物纹以松、柏、桃、竹、梅、菊、兰、荷等为素材，而动物纹则以龙、凤、麟、虎、狮、鸟、虫、鱼等为主要形象。这些图案不仅在形象上具有一定的美感，而且古人还赋予了它们一定的象征意义，如吉祥、富贵、高洁、长寿等。在中国古代建筑中，还常见到将动植物等多种形象组合在一起的纹样，如植物中的松和动物中的鹤组合在一起寓意“松鹤延年”，牡丹和桃组合在一起则象征着“富贵长寿”，而两只狮子在一起则表示“事事如意”等。此外，还有各种器物图案，如琴、棋、书、画、山水和各种代表人物的饰物，如笛子、宝剑、尺板、莲花、掌扇、道情筒、花篮、葫芦等。

古代艺术工匠常用的手法还包括将多种装饰组合成新的纹样，这种方法不受自然形态的束缚，可以任意摆放，形成各种组合。在创作中，他们遵循“花无正果，热闹为先”的原则，即追求装饰的热闹和美感，不拘泥于自然形态。

千百年来，这些装饰图案一直都是中国古代建筑装饰的主要内容，具有强大的生命力。它们不仅美化了建筑，还反映了当时社会、文化的特点。中国传统民居建筑屋顶上两向坡顶相交处生屋脊，依据屋脊所在的位置不同，可以分为房屋前后两坡顶相交最高处的正脊、正脊上重叠一条脊的西施脊、屋顶与正脊相交且向下垂的垂脊、歇山垂脊下的四条屋脊及庑殿垂脊下有戗兽的戗脊、山花下重檐顶底层坡顶的博脊、重檐屋顶底层四角之檐角脊或角脊。

屋顶正脊两端的“尾”是中国古代建筑屋脊上重要的装饰构件，早期多为鸟形，后以鱼形、龙形为主，有防火、辟邪之意。“尾”的形成是一个不断发展的过程，在此过程中，工艺越来越精美。汉朝的“尾”大多是用瓦当堆砌成翘起的形状，贵族的建筑多用凤凰、朱雀等。最早的鸟的形象出自凤鸟，因“凤”与“风”通用，对建筑不利，便逐渐被亲水的鱼、龙、蛇取代。南北朝时期，鸱尾逐渐代替了汉朝的朱雀等形象。关于鸱尾有两种说法，一说鸱是指猫头鹰，用来镇守屋顶，另一说鸱指的是一种海兽，寓意辟火，可置于殿堂。中唐至晚唐时期，鸱尾发展演变为带有短尾的兽头。宋朝以后，形象逐渐转为龙形，龙口大张咬住正脊，称为“正尾”。“尾”多由陶或琉璃制成。在清朝，琉璃正尾有着固定的样式和严格的尺寸比例。

在大式建筑的屋脊上，除了正脊两端的“尾”，还有一些仙人、走兽的雕塑立在垂脊或戗脊的脊端。它们形态可爱，但所用的数量和排列的顺序是很有讲究的，尤其是在宫殿建筑中。如清朝规定，走兽的数量按三、五、七、九设置，建筑等级越高，走兽的数量越多。

三、中国古代建筑的装饰手法

中国古代建筑装饰是非常重要的艺术形式，它的表现形式多种多样，如雕刻、彩绘、匾牌楹联等。其中，木雕、石雕、砖雕等雕刻工艺最为突出，手法多种。此外，彩绘也是中国古代建筑装饰的重要组成部分，多在檐下及室内的梁枋、斗拱、天花及柱头上广泛使用。匾牌楹联和名人字画也是古建筑的常见装饰形式，它们使建筑更显高贵典雅。这些装饰形式凝聚了无数祖先的智慧，是中国传统美学中极其价值的部分。

（一）雕刻艺术

中国古建筑中最常出现的雕刻有木雕、石雕、砖雕。雕刻手法多样，如高浮雕、浮雕、阴线刻、凹面刻、减地平面阴刻等。砖雕用以装饰民居住宅、园林、官邸、祠庙的大门与墙壁。木雕用于梁、柱、额、枋、门、窗上，配以神话传说、戏曲故事、历史人物、动物花鸟图案，采用圆雕、浮雕、透雕等手法，画面层次分明，细腻严谨，可称为独特工艺品。另外，汉朝出现的瓦与瓦当，既防水又能起到装饰屋顶的作用。这些瓦当的装饰纹样有云纹、四神纹、文字纹等，多样且富于变化。南北朝后琉璃的使用配合高、浅浮雕的纹样，增加了建筑的色彩，同时也反映了建筑的等级与功能。

（二）彩绘艺术

中国古代建筑的木构架特征决定了需要在木材表面涂上油漆来防潮、防腐、防虫。彩绘最初的功能是为了保护建筑物，后来逐渐发展为强调装饰性的艺术形式。彩绘是中国古代建筑装饰的重要组成部分，常见于檐下、梁枋、斗拱、天花和柱头等处。明清时期的彩绘种类有和玺彩绘、旋子彩绘和苏式彩绘，其中以苏式彩绘最能代表彩绘的精湛技艺，北京颐和园中的长廊彩绘就是典型代表。彩绘的构图与构件形式密切配合，色彩极为丰富，最常见的颜色是红、黄、绿。按传统审美观，黄色表示尊贵、庄重，是帝王的专用色，体现皇权的威严；红色代表乐观、喜庆；绿色则是生命的色彩，使人精神愉快，给人充满生机之感。这些彩绘不仅美化了建筑，还体现出当时的文化和审美观念，具有重要的历史和文化价值。

（三）匾牌楹联

雕刻将古建筑修饰得精致华美，彩绘壁画则让古建筑变得富丽堂皇、光彩照人。而匾牌楹联和名人字画则更加凸显了古建筑的高贵典雅。在殿堂庙宇、亭台楼阁的门柱上，往往会刻上左右对称的诗句，这就是楹联。彩绘壁画、雕刻、匾牌楹联等装饰手法，使古建筑的意境更为深远、内涵更为丰富。这些装饰不仅让建筑艺术更加精美，而且还将绘画艺术、书法艺术和文学艺术与建筑艺术融为一体，形成了独特的文化艺术风格。因此，这些装饰元素不仅美化了古建筑，还代表了当时社会的审美情趣和文化水平，具有很高的历史和文化价值。具备浪漫主义创作思想与高超技艺的中国古代工匠们，在中国古代建筑艺术中扮演着重要的角色，他们的心血和智慧凝聚在无数古建筑装饰上，成为中华文明的重要组成部分。这种建筑装饰艺术代代相传，是中国传统美学中极具价值的传承，也是世界建筑艺术史上一朵绚丽的奇葩。中国古代工匠的创作思想和技艺已经成为中国文化遗产的重要组成部分，启发了后来的艺术家和建筑师，为人类艺术发展作出了重要贡献。

第五节　中国古建筑的材料和结构特点

中国古建筑一般以木材为主，土、砖、石等也是建筑的基本结构材料。中国古建筑最重要的特点是木结构，木结构是主体构架，整个建筑包括屋顶、屋架都是以木头为主，木结构最重要的特点是其具有很强的韧性，也就是说在一定范围内允许有变形，这也说明了木结构具有较强的抗震能力，它在一定程度上影响了中国建筑文明的延续和传承。

中国人在科学技术相对落后的封建社会，成就了许多建筑奇迹，也使中国走上以木建筑为主流的设计道路。而西方则大量运用砖石材料，走的是承重墙式砖石建筑为主流的道路。那么，为什么中国建筑采用木结构，而不是砖石结构呢？这与中国人早期的传统文化思想有关。道家把建筑看成五行要素中的"木"：木出于土地，入于阳光，承天之雨露，向阳而生，承地之养育，入阴而生，为阴阳和合产物，生生不息，乃自然生命力旺盛之象征。

古代哲学认为人为万物之灵、天地造化之首，而建筑为人所居，聚天地之气。中国古建筑多为土木结构，黄土、树木为人类赖以生存的物质，是有生命的物体，有再生之意，象征着生生不息。木材做主要建筑材料，是合理的选择，是理性主义哲学的必然结果，也是建筑文化现象中物的体现，符合"载成天地之道，辅相天地之宜"的中华民族传统文化观念。

砖石结构未能成为中国建筑的主流结构，首先是因为砖石材料成本高，耗资大。砖需要经过烧制，消耗大量的木材或煤炭资源；石需要开凿山体，耗工费时，成本高。所以，砖石多用于皇家的重要建筑或皇家贵族的陵墓，以及军事防御性建筑。其次是富商和地主阶层用于宅第、私家园林，直至成本下降后才得以普及，用于百姓阶层。

其次，阴阳五行认为，砖石属性为土，土有阴阳之分。土生金，各类金属都藏于其内。金属有放射性，易对人体产生危害。尤其是天然石材，属生土。而砖来源于土，经过烧制，已成熟土。生土为阴，熟土为阳。石材建筑为无机物，无生命力特征。砖材料建筑为有机物，有生命力特征。古人把有机物的生死看成是生命的转化，是一种新生命的萌发。所以，在中国古建筑中，石材多用于陵墓建筑，砖材料多用于地面建筑。到了明清时期，砖材料逐渐普及，纯砖材料建筑多见于寺庙的无梁殿或民居窑洞。砖石拱结构建筑抗震性差，使用空间有限，加之传统的文化观念对其认识存在局限性，官家建筑一直未采用砖石材料，因此也就没有得到普及或发展。

在古代，由于技术和工具的限制，建筑师和工匠们需要利用当地的材料和资源，因此不同地区的建筑材料也有所不同。例如，南方地区多使用木材和砖瓦，而北方地区则多使用石料和泥土。

中国古建筑的结构特点非常注重建筑的统一性和协调性，建筑中各个构件之间的比例和协调关系都非常重要。例如，建筑的宽度、高度、长度、檐口的长度等都需要按照一定的比例和规律来设计和构建，以保证建筑的整体美观和协调性。中国古建筑的材料和结构特点在中国传统建筑文化中占据着重要的地位，体现了中国古代建筑师和工匠们的智慧和创造力，是中国传统文化的重要组成部分。

第三章 地域文化背景下的中国古建筑

中国建筑文化是中华传统文化的一部分，它是人类生活与自然环境相互作用的产物，展现了不同时代和地区的特色。中国古建筑是世界建筑史上四大体系之一，经过不断发展，积累了丰富的建筑文化遗产。

人们常说“土地造就了人”，这是因为人类和所处环境之间有着密切的联系。不同地域的阳光、潮汐、气候、地形、海拔等因素都会对生命生长发育产生影响。作为人与自然的媒介，建筑需要在内部环境中形成适宜的小气候，营造宜人的室内环境。

在设计建筑时，必须考虑到气候条件和环境因素的影响。不同的气候和地理条件需要采取不同的建筑策略，如是否需要遮阳、保暖、排水、通风、防潮、防积雪、防沙暴、防震等。中国地域辽阔，南北纬度差异大，

导致各地建筑不同。不同的物理环境和气候条件形成了独特的建筑模式和建筑文化。此外，建筑材料的地域性也是影响建筑文化的显著因素之一。

中国传统建筑中，天井是常见的元素。南方天井通常呈南北狭窄、东西狭长的形状，以提供充足的自然采光，同时防止强烈的太阳光直接照射到室内。天井也成为南方人纳凉休憩的场所。到了北方，天井的南北开口逐渐增大，最终演变成为北方建筑中的大院，成为北方人晒太阳的场所。这种自然条件的不同直接导致了建筑空间的不同，从而形成不同特色的建筑文化。

不同的地区也会因其特有的自然条件形成独特的建筑文化。多水的地区会出现水上居所，多山的地区则出现吊脚楼。海岛文化和渔村、草原文化和帐篷、冰雪文化和冰窟、森林文化和木屋等，都反映了各自地区的特点。水乡文化、农耕文化、巨石文化、黄（黑、红）土文化等不同区域和历史时期的文化形成的建筑风格，构成了丰富多彩的中国建筑文化。

第一节　中国古建筑是凝固的艺术

中国古代建筑是中国艺术的重要组成部分，它体现了中华民族的艺术性格，展现了中国文化的博大、浪漫、神秘。中国古建筑蕴含着深刻而丰富的哲学思想，是中国文化的重要表现形式之一。通过古建筑，我们可以深刻地感受到中国文化的博大精深，领略到中华民族的精神风貌和传统价值观。古建筑中的设计、结构、装饰等都蕴含着丰富的文化内涵和哲学思想，是中华文化宝库中的一颗明珠。它们不仅是中国文化传承的重要标志，也为人类文明发展作出了重要贡献。

一、“天人合一”

“天人合一”是中国古代建筑所体现的观念。在中国传统文化中，人与天地之间存在着内在联系并相互影响，这种关系被称为“天人合一”。在中国古代建筑中，“天人合一”体现在建筑的设计和布局上。建筑师在设计建筑时，通常会考虑地形、地貌、风水等因素，以确保建筑与周围环境相协调。同时，建筑的形式和装饰也会与自然界的形象相联系，如宫殿建筑中常用的龙、凤等形象。

除了与自然界的联系，“天人合一”还体现在建筑的功能和意义上。在中国传统文化中，人的生活和社会秩序是与天地紧密相连的，因此，建筑也与“天人合一”密切相关，例如，宫殿建筑的设计和布局通常是君主权力和社会秩序稳定的象征，寺庙建筑则强调了个人与天地之间的关系。

中国古代认为人是自然的一部分，这种观念在中国古建筑中得到了充分的体现，古建筑与自然环境是相融合的，不是对立的。古建筑充分利用自然环境，营造出宽广、生动的景致。

在中国古代园林建筑中，这种崇尚自然的思想表现得淋漓尽致。中国园林的气质与中国绘画非常相似，二者都寄情于山水，但超越了山水本身。园林中的弯曲河岸、曲径通幽、多变假山以及亭台楼榭等不仅是对自然的简单模仿，更是人类智慧的结晶。这些元素相互融合，随时变幻，构成了一幅幅流动的、充满诗情画意的天然图画。园林中的水、山、石、林、花等元素巧妙地组合在一起，形成了一个完美的自然生态系统，展现出古人对自然的崇敬和敬畏之情。这些古代园林不仅是中国文化的重要遗产，也是世界园林艺术的瑰宝。

二、实用理性精神

中国古建筑的实用理性精神是指在建筑设计和施工中，注重实际需求和环境条件的精神。这种精神是基于“天人合一”的思想形成的。

古人注重实用理性表现在建筑的各个方面。首先，在建筑的选址上，中国古代建筑师会根据地形、水文、风向、气候等自然条件来选择最合适的位置，以便最大限度地利用自然条件来满足人们的居住和生产需求。其次，在建筑设计中，中国古代建筑师会根据不同的功能和需求来设计建筑的形态和结构，以达到最佳的使用效果，例如宫殿、庙宇等建筑的设计就注重了空间的分隔。最后，中国古代建筑师还会注重建筑的适应性和耐久性，例如在建筑结构和材料的选择上，会考虑到当地的气候条件、土质和自然灾害因素。

此外，中国古代建筑师也注重建筑与自然环境的融合，以达到与自然和谐共生的效果。例如，在中国古代园林中，建筑师会根据周围的自然环境来调整建筑和景观的组合和布局，以呈现出自然的美感。

三、伦理观念

受儒家思想和礼教传统的影响，中国古代建筑反映了古人的尊卑秩序观念、道德伦理观念和宗教信仰。在中国传统文化中，礼制是重要的伦理观念和行为规范，体现了尊卑有序、和谐相处。在古代建筑中，这种礼制思想表现在建筑的布局、形式和装饰等方面，如宫殿、寺庙、住宅等建筑物的布局都遵循礼制规范，注重尊卑有序。

中国传统文化还强调道德伦理，认为家庭是社会的基本单位，伦理是家庭成员之间相互尊重、相互关爱的道德准则。在古代建筑中，家庭的伦理观念表现在建筑的布局和功能分配上，如四合院就体现了家族的尊卑关系。

中国古代建筑还受到宗教信仰的影响，佛教、道教等宗教文化对建筑的形式和装饰产生了深远的影响，如寺庙建筑的布局和外观、建筑装饰上的符号和纹样等。中国古建筑一直以当时的君权为中心，表达对伦理观念的高度重视。例如，城市是封建统治的政治中心，所有建筑不论大小都按照礼制来建设。这些建筑通常位于城市的中轴线上，街道纵横、严整，对称均衡，外廓方正，明清时期的北京、唐朝的长安都充分体现了这种礼制观念。

在以儒家思想为统治思想的中国古代，家庭、社会、政治等各方面都强调尊卑秩序和家族关系，这种尊卑秩序的观念也融入中国传统住宅建筑中。中国最典型的住宅型制是四合院，四合院分前院、后院。前院设辅助用房。后院中轴线上没有堂屋，而是供奉祖宗牌位、举行家中重要礼仪之所。然后依次是长辈、晚辈住房。这种布局原则与宫殿的设计原则相似，都在强调尊卑秩序和家族关系。

这种伦理观念贯穿于中国传统建筑的型制中，反映了中国人对伦理道德的高度重视。这种文化传统延续了几千年，影响了中国人的生活方式、社会习惯以及审美观念，成为中国艺术精神的重要特征。

四、“无神论倾向”

中国古代建筑的无神论倾向是指在中国传统文化中，建筑并没有强调宗教信仰或神权，而是以君权为核心，强调礼制，强调尊卑有序的伦理观念。这种观念与中国古代儒家思想和道家思想有关，其中儒家思想重视人与人之间的道德准则和社会秩序，而道家思想则强调个人的修养和道德追求。

在中国传统建筑中，宫殿、城墙等建筑物是为了展示君主的权威和统治地位，而寺庙的建筑则主要是为了供奉神佛，表达信仰和敬畏之情。但是，相比于西方古建筑的宗教性和神权性，中国古代建筑的宗教色彩相对较弱，建筑艺术更侧重于展示君权、表达社会秩序。

因此，中国古代建筑的无神论倾向并非完全的无神论，而是强调了君权，这反映了中国古代的伦理观念、政治制度和社会秩序。与西方古建筑的宗教化、神权化不同，中国古建筑始终以君权为核心，而宗教建筑则处于次要地位，只是皇权建筑的陪衬。相比代表君权的宫殿建筑，中国宗教建筑的建筑艺术风格没有强调宗教的神秘感，而是注重个人内心的平和、宁静与超脱。

这种内敛、含蓄的民族性格是受中国古代儒学思想的影响，这种性格贯穿于整个中华文化。中国古建筑的特点是明朗、纯洁、合乎道德，没有高不可攀的尺度、逻辑不清的结构、节奏模糊的序列、不可理喻的造型或莫名其妙的装饰。德国诗人歌德曾称赞中国古建筑风格反映了中国人冷静、平和的气质。

五、森严的等级制度

中国的建筑史基本上可看作统治者的建筑史。中国古代建筑根据建筑物的用途分为不同等级，这种现象在官方建筑和寺庙建筑中尤为常见。在古代中国，建筑物主要分为三个等级：一等建筑通常是皇家建筑，如皇家宫殿和皇家陵墓；二等建筑是皇族和高级官员的住所或办公场所；三等建筑则是普通百姓的住所或商铺等。这些建筑物的规格和设计都有着非常严格的要求，例如官方建筑和寺庙建筑通常面向正南，以示尊重天地。建筑物的柱、梁和门窗等也有着严格的尺寸和规格要求，以保证建筑物的稳固、美观。

中国古代建筑的等级制度反映了当时社会的阶级分化和权力结构，也体现了中国古代建筑文化中的细致严谨和精益求精。该制度在建筑上主要体现在屋顶式样、开间数、建筑色彩、彩绘式样等方面。屋顶式样中，等级由高到低依次为庑殿顶、歇山顶、悬山顶、硬山顶，如故宫太和殿为最高等级的重檐庑殿顶，比重檐歇山顶的天安门等级更高；开间数，两根柱子之间为一开间，通常有九、七、五、三等数。九为单数最大，因此九开间一般都为皇帝专用建筑，故有“九五之尊”之说，天安门为九开间进深五开间，就是取皇权至高无上之意；建筑色彩方面，等级由高到低依次为黄、红、绿、蓝。故宫建筑属皇家，一般为黄顶红墙。除文庙外，其他建筑采用黄顶红墙均属僭越；彩绘式样方面，和玺彩绘为皇帝专用，旋子彩绘（菊花图案）一般为大型寺庙使用，苏式彩绘才能为一般民众所用。其他诸如屋上翘角、踏步道、方位等也可以用来区分使用者的等级。

第二节　中国古建筑是“木”的史书

建筑是国家文化和民族文化的重要组成部分，它反映了当地的自然环境、历史风物和人文习俗。由于建筑用料较多、运输困难，因此必须就地取材，并最大限度地发挥材料力学和美学的特长。各个地区根据其特有的资源和气候，形成了各具特色的建筑体系。例如墨西哥的马赛克墙面、拉美地区突出的遮阳板都具有鲜明的地域性。

而中国传统建筑以木材为主要建筑材料，与祖先生活的地区有着密切的联系。中华文明发源地属于温带季风气候，多雨湿润，有大量原始森林，这为中国传统木构建筑提供了物质基础。因此，中国的传统建筑体系在材料、结构和装饰等方面都具有了独特的特点。

每一种文化都有其独特的历史和文化背景，这也影响了其建筑文化的发展。我们应当尊重每一种建筑文化，理解并欣赏它们的独特之处，这样才能使世界建筑更加丰富多彩。

中国古建筑是中国人民生产、生活和历史变迁的见证。要弄明白使用木结构的原因，就要结合古代中国的政治、经济、文化。因为建筑的发展也是文化史的发展。

谈及中国古代建筑，可以将其分为南、北两大源头。南方的居住方式从巢居到干栏式再到地面建筑，被称为“树上落下来的”，强调木的特点，具有精巧、细腻的特点，如吊脚楼；而北方的居住方式从穴居到半穴居再到地面建筑，被称为“地里长出来的”，强调土的特点，具有厚重、敦实的品格，如四合院、窑洞等。中国古代建筑之所以会选择木结构，可能有以下几个原因。

一、受人的观念影响

唐朝诗人杜牧在《阿房宫赋》中描述了古代重大建筑工程大量使用外地材料的情况——阿房宫在建造过程中使用了从四川运来的木材。同样，历史上在太庙等建筑中也使用了从南方水运而来的金丝楠木。这说明古代并没有一味地坚持就地取材原则，而是根据建筑需要，从外地运输相应建材。客观条件如地理位置等因素，并不是使用和发展木结构的决定性因素，因为可以运输木材，同样就可以运输石头。

明朝造园学家计成在他的著作《园冶》中提出了一个观点，即人和物的寿命是不相称的，物可以传承千年，而人的寿命却非常有限。因此，我们所创造的环境应该与我们可使用的年限相适应，没有必要过于追求子孙后代在我们创造的环境中生活。在城市的发展过程中，这种现实的态度是合理的。这也解释了为什么中国会有那么多木结构的“临时建筑”。

二、发展缓慢

有些人认为，中国古代建筑长期以来没有变化，风格千篇一律，缺乏创新。这种观点也反映在对中国文化艺术的发展认知中，至今仍有很多外国人认为，中国艺术风格经过几个世纪的发展，保持着一贯的风格，没有出现过太大变化。实际上，中国古建筑“统一和连续的发展”是一种文化的延续、传承，并非毫无变化。

中国古代建筑不仅仅是艺术的表现，其内涵更是涉及社会、经济、文化等多方面，如建筑的风格和结构受当时社会、政治、宗教等因素影响。另外，中国古建筑的发展也是与时俱进的，在明清时期的建筑中，就出现了新的工艺和技术——

砖瓦结构。此外，在中国古代，建筑是一种物质文化的表现，建筑材料的选择和使用与当时的资源、环境、经济密切相关。

中国古代建筑并不是单纯的艺术表现，它涉及中国社会的方方面面，虽然在很长一段时间内保持了传统的风格和特色，但也不乏新的发展和创新。

三、受社会经济环境因素影响

中国古代并非处处都有木材，木结构的使用和发展并非基于自然环境和地理条件等客观因素。中国也有地区缺乏木材，阿房宫和骊山陵所用木材就是从四川一带运过来的。

实际上，中国古代建筑的发展是在“又好又快”的政策指导下进行的，要求在最大限度满足需求的同时尽量节省人力、物力。因此，当奢侈风气盛行时，皇帝会制定反浪费政策来约束这种风气。这种矛盾迫使人们在技术上寻求解决方案。相比石头建筑，木结构形式的建筑在节约材料、节省劳动力和更易施工方面具有更大优势。因此，中国的建筑理念是在矛盾中产生和发展起来的，表现出顽强的适应性和生命力。中国古代放弃了发展永久性、纪念性的砖石结构建筑，专注于发展混合结构的木构建筑，正是为了解决这种矛盾。这种木结构建筑不仅极具经济性和实用性，而且在美学上也表现出独特的韵味，成为中国古代建筑的一大特色。

四、不受宗教信仰和神权观念影响

中国历史上并不存在神权驾驭一切的时期，因此中国建筑史与西方建筑史不同，并非以神庙和教堂建筑为主。中国的建筑理念是以“人”为中心的，而不是以“神”为中心的。这种以“人本”为核心的文化理念与中国古代建筑坚持木结构有很大关系。

一些外国学者将中国建筑的木结构特色与中国古代经济发展联系起来，认为像埃及这样经济强大的国家可以用大量人力去采石场工作并建造金字塔等庞大建筑，而中国在秦始皇统治之前没有条件修建类似的工程，中国的建筑性格在当时已经形成。

然而，这种观点是片面的。社会制度和经济生产力并非房屋建筑方式的决定性因素。在中国古代，统治者可以调动大量的劳动力参与建造工作，秦始皇为了建阿房宫，不惜动用了七十万人。因此，木结构的采用与是否有大量人力资源并没有必然联系。中国古代的建筑发展不仅仅受到经济因素的影响，还受到文化、艺术、宗教、政治等多方面的影响。因此，中国古代建筑的发展是一个综合性的过程，不应简单地将其归结为受社会制度或经济发展影响。

第三节　物质层面的建筑地域文化

建筑是一种文化，是物质文化和精神文化的综合体，一个时代的物质文化发展程度和精神文化特征都反映在建筑上，所以说“建筑是本史书”。

一、建筑是城市文化的代表

城市之间的竞争越来越激烈，城市形象成为城市竞争力的核心要素。城市特色是城市可持续发展的重要条件，能够彰显城市的魅力，吸引投资者和旅游者，带动相关产业发展。特色建筑是城市文化的代表，是城市特色文化构成不可或缺的部分。传统特色建筑和现代特色建筑都可以凸显城市的特色文化，反映城市的整体风貌和综合竞争力。作为城市的名片和象征，特色建筑能为城市带来更多的经济价值和文化价值。

特色建筑是城市传播的媒介符号，可通过各种传播媒介和传播手段到达受众，受众解读特色建筑背后的意义，从而获得对特色建筑的印象。因此，特色建筑能够反映整个城市在发展过程中创造的物质文明和精神文明，一些标志性建筑成了一座城市特色文化的媒介和载体。正是因为特色建筑的指代功能，才凸显了城市的个性和特点，提升了城市的知名度。中国古建筑是中华民族悠久历史文化遗产的璀璨明珠，是先辈聪明才智与辛勤汗水的结晶。

二、建筑的民族文化特点

不同的建筑技术与建筑艺术是由不同的民族、地区发展而来的，是每个民族或地区文化的重要组成部分。民族文化包括语言文字、风俗习惯、文学艺术、宗教信仰等方面，不同的民族文化形成了独特的建筑形式，反映了各自的文化特点。

中国建筑具有浓厚的民族文化特点。中国古代建筑注重和谐、平衡、对称、节制、精美、实用，它以木结构建筑为主，风格独特，具有较高的美学价值。中国古代建筑的建筑形式、结构构造、装饰艺术都有独特之处，其尺寸、形态、布局、装饰等都是为了满足当时人们的生活需要。中国古代建筑注重人与自然的和谐，建筑物的布局、形态等都是为了符合“天人合一”的观点；建筑色调以红、黄、绿、蓝、白为主，讲究色彩的和谐与搭配；装饰的题材多种多样，包括花鸟、人物、山水等，源于自然，也力求融于自然。

中国古代建筑技艺精湛，建筑工匠们擅长使用木材、石材、泥土等材料进行建筑创作，建筑以人为本，实用耐久。同时，建筑工具的发展也促进了中国古代建筑技艺的发展。中国幅员辽阔，地理环境和自然环境的差异巨大，再加上多民族的文化，使得不同地区的建筑风格也不相同。例如，华北地区的四合院、南方地区的干栏式建筑、西藏的碉房、广西和湖南的侗寨和苗寨以及黄土高原的窑洞、内蒙古草原上的蒙古包等，它们的建筑结构和形式都有着独特之处。这些建筑不仅体现了当地的文化特色，还是当地的重要地标，彰显了当地的独特魅力。

三、建筑文化的交流

中国是一个多民族国家，几千年来，各民族相互融合，民族文化交流活动从未停止过。赵武灵王的胡服骑射将北方少数民族文化带到了中原，几次北方民族大迁徙又将北方和中原文化带到了长江以南和南海沿岸，汉唐时期的和亲也促进了民族之间的文化交流。中国文化不仅吸收了世界各地的文化精华，自身文化也吸引周边各国学习。

在中国历史上，各地的建筑文化交流、融合也是非常常见的。例如，秦始皇统一六国后，模仿各地的宫殿建筑形式；唐文成公主嫁给松赞干布，将中原的建筑形式和建筑艺术带到了西藏，拉萨的大昭寺和小昭寺就融合了汉、藏建筑文化特点；河北承德避暑山庄和外八庙是晚期古典建筑文化交流的重要实物遗存，避暑山庄模仿了江南著名建筑和园林，外八庙突出了青海、西藏、内蒙古、新疆等少数民族聚集地与中原、华北地区的文化交流。

建筑文化交流不仅存在于国内，也存在于国际之间。例如，登封嵩岳寺塔，西安大雁塔、小雁塔，明早期的金陵大报恩寺琉璃塔，敦煌莫高窟等都是中外文化交流的成果，它们都是中国古代艺术的珍宝。

四、提倡建筑的多样化和民族化

世界上的每个国家、每个民族都有自己的生活习惯和民族文化。民族文化是民族自尊心的体现，而民族建筑艺术则是民族文化中的重要组成部分。保存并发扬各民族的建筑文化传统，不仅能满足人们居住和工作的需要，还让世界建筑艺术百花齐放。离开了民族文化底色的建筑，无疑是没有灵魂的建筑。中国古代建筑的规划设计，选址、大小、朝向都有严格的规定。大到一个城市的营建，小到一个家庭的住宅、死后的墓地，都遵循这样一套规范，这是协调人与自然关系的法则。中国人之所以叫中国人，不是因为有一样的肤色，而是因为有一样的文化传承。每一种文化传承都有其文脉，中国既然是古老的文明大国，其中必有合情、合理、合乎人性的文化因子。

五、保护、传承特色地域文化

特色地域文化是一个国家或地区的独特文化，它反映着这个地区的历史、传统、价值观，是该地区的文化遗产和精神财富。然而，随着现代化的不断发展、全球化的加速推进和文化多元化发展浪潮的席卷，人们的生活方式和文化习惯也在不断变化，特色地域文化面临着严峻的挑战。很多地域文化逐渐消失，这对特色地域文化的保护和传承提出了挑战。如何保护和促进特色地域文化在现代化发展中的传承，这是一个重要的课题。

特色地域文化是一个地区独有的文化系统，包括语言、习俗、信仰、建筑、服饰、音乐、美食等多个方面，它不仅是一个地区的精神文化遗产，也是一个国家的重要文化资源。在现代化发展进程中，特色地域文化面临着诸多挑战，因此其保护和传承尤为重要。

特色地域文化的存续和传承对于一个地区的社会认同和发展至关重要。它不仅是地区居民身份认同的重要标志，也是地区经济发展的关键驱动力，能够带动地方经济的发展。例如，中国苗族的木偶戏和印度蒂尔图拉尼加尔堡的弦乐器演奏，都已经成为当地的旅游名片，为当地居民带来了收益。

为了保护、传承特色地域文化，需要制定相应的政策和措施。政府出台相关文化保护法规，建立文化遗产保护机构，保护文化资源。目前，中国的非物质文化遗产保护制度就是极具代表性的政策措施。同时，可以鼓励社会组织积极参与，促进社区自我管理和保护，如丽江古城就是通过社区自我管理的方式，保护了其特有的纳西族文化和历史建筑。

教育也是非常重要的一环。通过学校教育和社区教育等形式，加强对地域文化的传承，让年轻一代更好地认识、理解、接受本地的文化传统。如为了保护当地的德拉克帕格文化，印度的一些学校将文化传统纳入课程，让学生从小就接受传统文化的熏陶。

此外，文化产业也是一种保护和传承地域文化的途径。通过开发本地特色产品和服务，吸引游客，将地域文化变成具有经济价值的资源，比如意大利的威尼斯以其特有的水上城市景观和文化传统成为著名的旅游胜地。

在保护特色地域文化的同时，促进其发展和创新也是至关重要的。文化交流、技术应用、文化创意产业等都可以为地域文化的发展提供有力支持。政策和实践方面也应该关注地域文化的创新，比如技术创新、知识产权保护、文化创意产业的发展等。

文化交流是促进地域文化发展的重要手段之一。通过不同文化间的交流，地域文化可以吸纳其他文化的优秀经验，并形成新的文化形态。例如，中国傣族织锦的传统技艺与日本和纸制作技艺在文化交流中相互融合，形成了新的织锦和纸艺术形式。

技术应用也可以为地域文化的发展和创新提供支持。传统工艺可以应用现代科技手段，提高生产效率和产品质量，如中国的苏绣制作中开始使用电子绣花机。

政策和实践方面也应该关注地域文化的创新。比如，技术创新和知识产权保护可以促进地域文化产业的发展，为地域文化创新提供支持。同时，文化创意产业的发展也可以为地域文化提供更多机会。

总之，促进特色地域文化的发展和创新需要政策、技术、创意等多方面的支持。通过文化交流、技术应用和创意产业的发展，特色地域文化可以得到更好的发展和保护，为社会和经济发展带来新的活力。

第四节　非物质层面的建筑地域文化

中国的建筑发展历史悠久，古建筑是劳动人民的智慧结晶，不仅含有科学技术，还具有可观赏的艺术性。

在中国，早期人类就已经懂得将洞穴作为自己休憩的场所；秦国建立后，国力大增，房屋建筑的形式开始呈现出多样化，普遍使用了斗拱；到了魏晋南北朝时期，由于佛教的传入，西亚建筑风格融入建筑；隋唐时期的建筑风格传播并影响到了朝鲜和日本，形成了一个完整、独立的建筑体系，并能成熟地运用材料性能，其中唐朝时朝廷还出现了专门绘制图样、管理营造、掌握绳墨的官员；元明清时期，建筑的布局与前朝相比更显成熟，清朝还建造了喇嘛庙、坛庙、京郊园林，许多建筑保留至今，丰富了中国建筑的内容。

从古至今，建筑一直具有功能和精神的双重属性，通过建筑可以清晰看出其所处区域的地域特点及文化精神。回顾人类的建造史，气候条件和自然资源无疑是重要的影响因素。从走出山洞开始，伴随着科技及文明的发展、进步，人类逐渐学会了建造房屋，进而创造并发展出各不相同的营造方式及建筑形制。循着人类建筑的发展轨迹，建筑形式的象征性愈发强烈，符号化的映射也愈发明显，建筑结构也日趋复杂多样。这其中既有当时当地自然条件、经济条件的影响，也有习俗、文化、宗教等因素的影响。

一、建筑自身具有文化属性

所谓文化属性，透视社会依次有三个层面：技术、制度和文化。文化属性与建筑的融合绝不是建筑师凭一己之力可以完成的，而是多方群策群力的结果。作为实体化的具象表达，建筑自有其排他性和独特性。因其所在地文化属性的影响，建筑设计之始就应考量项目所在区域的环境、文化等因素，如果将以上因素剥离，纯粹从艺术性的角度进行诠释与表达，或仅从经济和技术的层面来考量，必定会让建筑陷入狭隘之中。

各地区的建筑因其气候、环境的异同，逐步形成了自身独特的发展脉络和发展轨迹。西方人把建筑誉为“石头的史书”，而东方则是一部“木作”编年史。现代主义建筑（钢结构及钢筋混凝土结构）诞生之前，中国的建筑基本上都是木头建造的。而非洲一些原始部落、南亚一些水资源丰富的国家，建筑基本上都是用木头、草和泥巴建造的，这有力地证明了地域环境对当地建造方式的影响。

不过也有例外，作为一座水上城市，威尼斯就没有采用木头建造房屋，而是采用了石头和混凝土。同为水上的城市，威尼斯与水资源丰富的国家在建筑的建造方式和材料选择上大相径庭，除了威尼斯盛产石材的先天优势外，也是一种人为选择的必然结果。

中国的木结构体系在唐宋逐步完善，形制趋于规范。中国有句古话："不以规矩，不成方圆。""规矩"之内，建筑的规模大小、开间尺寸、构件形制都有严格的规定，且受制于礼教的约束。加之采用木构的营造方式（木头作为主要建筑承重构件）使得建筑的高度和体量受到了很大限制，后被西方现代建造方式取代。

随着人类科技文明的进步和发展，建筑逐步脱离了环境和资源的限制，在建造方式和建筑风格上又受到了其他因素的影响。

二、文化趋同性与建筑同质化

受古希腊、古罗马文化影响的欧洲建筑一直以来都具有很强的同质化现象，这与欧洲的文化趋同性是分不开的。而遥远的东方受制度和文化的影响，建筑形制固化，留存至今的古代建筑，很多都受制于当时的文化属性，制约了建筑的发展。

随着现代主义建筑风格的开启、形成、发展，建筑出现了很大的改变，早期现代主义建筑无论是平面布局还是立体造型都有开创式的设计。但随着战后大规模重建的迫切需求及经济高速发展的影响，建筑又一次陷入同质化。之后，后现代主义的建筑风格试图打破西方古典主义的束缚，探索全新的建筑样式。后现代主义的设计手法确实带来了新的气象和面貌，但是其过于浮夸的特点让其沦为昙花一现，并没有从根本上解决建筑界的问题。

后续的建筑师们进一步对建筑进行改良，力求通过建筑结构性和地域性的表达，打破建筑界流行的"扑克脸"，回归建筑根本，试图开辟出一条新的道路，但此类建筑也只属于小众，依然没能从根本上改变同质化的现象。

三、建筑的独特性与共性

建筑应该具备独特且独立的主体性格，但同时也应该在某种程度上与其他建筑相似。这种矛盾的存在类似于人类的“独特性”和“共性”，与唯物主义辩证法相契合。建筑不应该只是单纯的“独秀”，也不应该为了吸引眼球而“哗众取宠”，而应该成为辉煌的史诗。

从哲学意义上来判断建筑与自然之间的关系，肯定是一个相对存在的概念。作为社会人的我们自身不能脱离社会而存在，活在当下就必须融入社会，即便是那些至今还生活在原始森林里的人们，也不能作为独立个体而与自然抗争。

放眼世界，经济全球化已经成为无法阻挡的趋势，与此同时也带来了“文化趋同”和“文化失语”的现象。各国都已意识到这一问题，开始愈发强化本国的历史和文化独特性。这种强化旨在考虑国与国之间在文化、气候、历史等各方面的差异，强调自身存在的独特性。

无论是哪个国家或地区的人，都有独立于自身且不同于其他人的性格与特点，正如我们熟知的日本人的隐忍、法国人的浪漫、德国人的严谨一样，皆因其特有的地域及文化，形成了各自的性格特点，具有“符号化”及“标签化”的固有表征。

建筑是不可或缺的存在，就像人类一样，它们不能脱离社会而独立存在。我们所强调的“独特性”是基于公认的美学标准。建筑的外形可以是独特的，也可以是普通的，但首先必须符合大众审美。作为观众，我们不能以个体主观认知作为建筑美学认知的依据，这是决定建筑“独特性”的必要条件。

如果缺乏多样性的表达，建筑必然会陷入标准化的泥潭中无法自拔。每一个建筑在建成之初，都应同它相关联的信息产生呼应，形成牢固的“粘性”。设计之初，建筑师对建筑的定性既有主观的感性认知也有理性的分析、判断和决策，外在形式不仅仅是建筑的一种物化，其内在的功能性和社会性的价值属性都是需要细加考量的，最终实现建筑外部形态与内部精神的相互融合。

四、实用功能与文化属性的冲突

场域是关于人类行为的一种概念模式，每一个人的行动均被行动所发生的场域所影响。建筑亦如此，必须考虑客观存在对建筑的影响，平衡独特性（性格）与地域性的矛盾，实现建筑与场域的和谐统一。

现代主义滥觞虽然解决了建筑功能性的问题，但严重削弱了建筑与场域的关系。虽然后期也不乏独特性建筑的诞生，比如柯布西耶后期的朗香教堂、赖特的古根海姆美术馆，但是大部分的建筑造型及设计手法如出一辙，这也直接引发了后现代主义的革命。

后现代主义大有“语不惊人死不休”之势，过于符号化及波普化的设计手法使其建筑语言偏激，矫枉过正的结果必然是适得其反。

即便是后来的解构主义，最终也走向后现代主义的结局。解构主义仅仅在建筑造型上做文章，建筑作品更加激进，甚至有一种“唯我独尊”“独孤求败”的意味，在尊重场地现状、挖掘地域特点、平衡场域关系等一系列问题上，解构主义基本上没有提出任何解决方法，但这恰恰是当代建筑师亟待解决的问题。

作为物质性的存在，建筑不能只浮于意识形态上的考量。解决建筑独特性的问题需要从文化属性进行深耕，挖掘内在多重属性，找出一条甚至多条适合当代建筑发展的道路。

我们的前辈及当代建筑师一直在努力探寻，诞生了一些将场域关系做到了极致的优秀建筑作品。

五、“锚固”，建筑与环境的融合

现代主义大师赖特所设计的流水别墅在近代世界建筑史上的地位是无以复加的，流水别墅就是其“有机建筑”理论的物质变现，建筑就好比是从土里长出来的一样。这栋建筑锚固于岩石之上，水从建筑下部流出，实现了建筑与基地环境的有效融合。

卒姆托的作品也一直凸显对地域性的关注。在不同国家和地区的设计作品中，他努力寻找着介于地域性与普遍性中所存在的矛盾及解决方式，其中最有名的代表作就是瓦尔斯温泉浴场。该建筑从自然地貌及人文角度出发，将建筑镶嵌在坡地之中，呈现从山体中生长出来的姿态，既最大程度地维持了地形地貌的完整性，又保持浴场所需的私密性和观赏性。该作品有效地将建筑锚固在基地环境之中，实现了自然环境与建筑机能的巧妙融合。

从以上两个著名的建筑作品，我们可以看到用“锚固”的设计手法解决建筑与环境融合问题确实行之有效。

六、建筑风格与地域文化

有个形容美人的词叫“秀外慧中”，日本很多当代建筑的外在没有“秀”——朴素到极致，但是“惠中”却是一定的——日本的精神深深地嵌在建筑的内核之中，建筑极富内涵。日本建筑界除了丹下健三、菊竹清训等人的早期建筑作品能够依稀看到一点日本民族形式的影子，后期几乎很难再见到。到了新生代的安藤忠雄、伊东丰雄、妹岛和世等人，他们的建筑作品更多是披着现代建筑的外衣，内部却充溢着日本文化精神，具有极强的纯粹性及内敛性。

最近几年，中国也出现了“新中式”和“本土化”的设计风潮，类似的建筑如雨后春笋般涌现。这些建筑都有一个共性，即缺乏句法、语法上的变异和延展，不自觉地沉溺于对中国传统建筑形式和符号的拼贴模仿，缺乏深刻的内涵和意义，只成为类型化的产品。

面对现代西方建筑与传统西式建筑的血缘关系，我们可否思考过：中国现代建筑的根源在哪里？中国现代建筑与传统建筑的联系在哪里？明明可以清晰地看到我们自身存在的问题，但还是采用了最粗暴和直接的方式来嫁接创作。

究其根本，这和一些设计师自身的素养有很大的关系，因为传统文化思想底蕴不足，所以无法做到将我们自有的精神和气质深嵌于建筑之中。这也就很好理解为何李祖原要先学习国学才开创自己的设计风格，王澍对中国传统园林研学多年后才形成他独特的设计手法。

七、“建筑多元化”

自 1851 年英国水晶宫建成至今，现代主义建筑的发展之路也是跌跌撞撞，伴随着当下全球化的推进，“建筑多元化”思想也逐步形成并发展。各种建筑相互依存的现状已成必然，进而形成了“文化大同”的建筑现象。各地建筑形式雷同和一致的现象一方面得益于现代主义建筑的影响，另外一方面也是经济全球化带来的互为效应的反映。

春节前夕，美国纽约地标性建筑帝国大厦、世贸中心一号楼及购物中心、肯尼迪机场信号塔以及连接新泽西州和纽约州的巴约纳大桥等同时亮灯，庆祝中国农历新年的到来。文化互融已然成了时代发展的趋势和必然。

综观西方的现代建筑史，他们每一次的建筑革命都是依托革命之前的“文化艺术运动”。从现代主义到后现代主义再到后来的解构主义，无不是将思想直接物化，并直接影响了建筑的造型、形式及功能，应该说，文化运动为每一次的建筑革命指引了方向。而中国现代建筑史所出现的断层现象，无疑成为中国建筑的硬伤，使得中国当代建筑师们处于一个极为尴尬的境地。

回顾过往，放眼当下，展望未来。从山洞到未来的火星，建筑从固有的自然存在到人为创造，我们还能走多远，这不得而知。但是，建筑依然停留在过去或抛弃过去都不是最明智的选择。正如当下的文化一样，流行本身并非肤浅，一味地裹足不前造成的意义匮乏才是问题所在。

地域文化元素在艺术设计中的运用是现代设计的价值，给设计带去了更为宽广和深层的空间。在文化内涵中，艺术美感和人文情怀具有宣泄和表达个体需求的重要作用。现实社会中，人们渴望一种更为雅致、古典的审美和更加深厚的人文关怀。建筑是人类文明和文化的早期记忆，也是人类社会发展和进步的标志。当历史退向时间深处时，唯有建筑在巨大的空间中闪烁着最耀眼的光芒，成为记录人类历史和文化的重要载体。

第四章 中国古建筑的文化特点

中国古代建筑是中华民族悠久文化历史遗产中的重要组成部分。建筑艺术是从不同的地区、不同的民族发展起来的，每个地区或民族的文化都有其特点。这些文化特点是在不同的客观物质条件下，长期形成的。

即使在同一个国家，不同地区和民族也会受地理环境、自然条件和文化因素等影响形成不同的建筑风格，反映出各自独特的文化。在中国，由于幅员辽阔，地理环境和自然条件差异大，加之多民族，因而形成了多种多样、各具特色的建筑风格，如，北方的四合院，南方的干栏式建筑，西藏的碉房，广西和湖南的侗寨、苗寨，黄土高原的窑洞，内蒙古草原的蒙古包等，不仅在建筑结构上各具特色，建筑形式也大相径庭。作为中华民族文化的重要组成部分，中国古代建筑反映着丰富多彩的中国文化和民族精神，是中华民族悠久历史和文化遗产的重要象征。

第一节　古建筑与汉字的关系

汉字，在古代以某种形式映射在中国古典建筑与器物上。而当代中国却丢失了部分传统文化，比如历史故事、神话传说、符号以及文言词汇，所以我们很难把文字和建筑、空间、场景结合到一起。

门头的对联、匾额和室内的挂画、书法、碑刻拓本与室内的装饰以及建筑的形制和开间、园林景观的布局都是统一的。中国古代建筑的营造和设计，是中国传统文化的一部分，与现代西方建筑学的原理和逻辑并不相同。中国的汉字与建筑的关系，体现在很多古代建筑上。

故宫文渊阁是清乾隆为了收集天下图书、编纂《四库全书》而建的宫廷图书馆。整个建筑以“水”为主题，主要是因为藏书阁要防火，从而引用五行中水克火的概念。在这幢建筑里，处处有“水”，处处用“典”——建筑前面是一个方池，既是消防水池，也是“半亩方塘一鉴开”；不同于一般建筑奇数开间，建筑布置为偶数六开间，双数为阴，取义“天一生水，地六成之”；采用黑色琉璃瓦，是因五行中北方黑色为水，以水克火；建筑外檐彩绘“游龙负书”和“海马负书”，额枋绘金莲、水草，都是以“水”为主题。然而建筑设计的初衷，不仅仅是对水的隐喻和象征，还有关于水的文化和想象。文渊阁一层是皇帝（乾隆）读书之所，内设宝座。匾额和文字都是乾隆题的，匾额“汇流澄鉴”中“汇”意为乾隆集天下图书（文明）“汇流”成《四库》，办成了大事；天下太平，水静而清，称为“澄”；清水为鉴（即镜子），也说以史为鉴，反观诸己。室内楹联“荟萃得殊观象阐先天生一，静深知有本理赅太极涵三”意思是说聚集天下图书得到了非常壮观的景象。

作为中国文化的重要载体，汉字本身的多样性完美展现了中国古建筑的理念，而中国古建筑的发展，也造就了许多汉字。研究有关中国古代建筑的文字，实际上就是研究建筑本身。与建筑有关的汉字多冠以“宀”。“宀”就是从建筑物的屋顶形状而来，多表示山形屋顶，如“家”“宫”“宇”“室”等字。“堂”字上面的“⺌”是比“宀”更多一重屋的表现。而“亭”字上的“亠”表示省略，屋顶看上去就比较简单。最能代表中国古建筑的汉字是“宫”，甲骨文中“宫”字的形态是一个坡形屋顶房屋带着两扇窗户，如果把“宫”字看作一个平面，则像一个大院子里围合着两间房。

将“广”作为偏旁的字通常表示的是只有一面坡顶的房屋，如“廊”“廓”“庇”等，可以想象出这些字表示的都是只有一面墙，另一面用支柱顶着单面坡顶式的檐廊。用“厂”做偏旁则表示屋顶更为简单，如“厕”“厨”等。门的繁体字“門”明显是实物的写生。窗的古字是“囱”“囧”，《说文解字》“在墙曰牖，在屋曰囱”说明在远古时代，古人还在洞穴建屋时，窗是开在屋顶上的。而“囧者，窗牖丽廔闓明”，意思是窗棂交错、窗户透亮，显得视野开阔、景物明朗。此外，中国古建筑体系是世界古建筑中唯一木质结构的建筑体系，所以建筑用语基本上都从木字旁，如“楹”“梁”“枋”“椽”“栋”“檐”“枨”“楣”等。这些文字都代表中国古建筑中的某一个构件，这些构件显然都是用木头制作的。

第二节　中国古建筑的文化意象

从文化的角度上来讲，欧洲古建筑多用石材，中国古建筑多用木材，是因为东西方文化中对“永恒”的理解不同。西方人认为永恒就是不变，因此用石头这样易于堆砌又能抵抗风雨侵蚀的材料来建造建筑。但对于中国人来说，永恒意味着交替更迭、生生不息，意味着三生万物绵延不断，永恒是薪火相传的温暖，也是老树新枝的喜悦，而最能体现这种更迭的材料就是树木，反之，石头在中国人看来是冰冷的、无生机的。用干燥、温暖，甚至还会散发出香味的木材搭建的房子，是充满人间烟火气的。因此，中国的古建筑多为木结构，而石料，更多用在为已故之人修建墓室、打造建筑物的底座、雕刻石狮子。

一、颜色的等级区分

在古代，土地是权力的象征，土多为黄色，故黄色成了帝王的专用色。《周礼·考工记》云：“地谓之黄。”地即土，位中央，色黄。

在中国古代，黄色被视为最尊贵的颜色，因此有了《诗经》中“普天之下，莫非王土”的记载。皇帝在重要的仪式场合着黄袍、戴黄色帽子、穿黄色靴子，皇家室内的桌椅和帐幔也用黄色绸缎，以突出身份的尊贵。

在古代建筑中，大门两侧柱子（楹）的颜色也被用来显示房主的身份——皇帝用红色，诸侯用黑色，大夫用灰绿色等，可见等级是极其严明的。从春秋时期开始，建筑物的小构件涂青色、柱子涂红色已成为重要建筑物的标志之一。明朝，官方规定了官员府第的门环颜色，如公主正门用绿油钢环，公侯用金漆锡环，一至二品官用绿油锡环，三至五品官用黑油锡环，六至九品官用黑油铁环。清朝，黄色琉璃只限于皇帝的宫殿、门、庑、陵墓和宗庙，其余王公府第只能用绿色琉璃，这种差异在北京古建筑中随处可见。

颜色在中国古代建筑中非常重要，不仅反映了房主的身份和地位，也体现了中国古代社会的等级制度和皇权意识。

二、方位的区分及含义

古代的方位有着多重含义：东、南、西、北、中，既表五行（即金、木、水、火、土），又寓季节（东为春，南为夏，西为秋，北为冬），还表属性（东属青龙，西属白虎，南属朱雀，北属玄武）。封建时期还流传着许多五行相克的禁忌，其中一部分流传至今，如向阳、背风、地势高朗及远离不洁的空气和水源等。

三、数的意义及应用

中国古代关于“数”的概念源于阴阳学说。《周易·系辞下》云：“阳卦奇、阴卦偶。”奇为单，偶为双；奇表阳，偶表阴。因此，《周易·系辞上》谓曰：“天一地二，天三地四，天五地六……”人们喜阳恶阴，故房屋的开间常为一、三、五、七、九间，极少用偶数。修造阁楼或佛塔，其层数也以单数居多，以寓属阳。到明清时期，数字又与吉凶福祸相连。流传于民间的《鲁班经》云：“台阶的步数宜单不宜双，唯一步、三步、五步、七步、十一步吉，余凶。”故，宫殿、庙宇的室内外踏步多为单数。

关于各国都城的规模，《周礼》也作了严格的限制，其级数差以九、七、五依次递减，显其尊卑，上自王卿下至大夫“因名数不同，礼亦异数”，不能“僭越”，否则要遭讨伐，越天子之罪者，甚至要灭九族。

另外，中国古代建筑常常运用“数”来表达一些特定的意义。比如，方城的每边设三道门，共十二道门，象征一年有十二个月；北京天坛祈年殿，中间四根通天柱代表四季，第二圈十二根金柱代表十二个月，外圈十二根檐柱代表一天的十二个时辰，金柱檐柱共二十四根象征二十四节气，三圈柱子共二十八根代表周天二十八星宿，整幢宫殿共三十六根柱子象征三十六天罡，宝顶下的一根雷公柱寓意皇帝“一统天下”。

这种运用“数”的设计理念体现了古人对时间、地位、权力的重视，也充分展示了中国古代建筑的智慧和艺术成就。

五、阴阳五行学说的影响

《释名》云：“阴，荫也，气在内奥荫也。阳，扬也，气在外发扬也……阴气从下而上，与阳相忤逆也……物皆附丽，阳气以冒也……”自古，人们就“喜阳恶阴”。《 慎子》曰“天虽不忧人之暗，辟户牖必取已明焉”意思是房屋要多开窗户，以得到较多的阳光。《吕氏春秋》的“室大多阴，台高多阳”主张房间不要太大，台基应该高些，以避免房间过于阴冷。唐白居易在《草堂记 》一文中，更明确指出“敞南甍，纳阳日，虞祁寒也”，明确提出房屋应坐北朝南，以便吸纳阳光、驱除寒气。

阴阳必须协调，阳光过盛也容易使人不安。唐司马承祯在《天隐子 · 安处》中指出：“何谓安处？在乎南向而坐，东首而寝，阴阳适中，明暗相半。屋无高，高则阳盛而明多；屋无卑，卑则阴盛而暗多。故明多则伤魄，暗多则伤魂。人之魂阳而魄阴，苟伤明暗，则疾病生焉……吾所居室，四边皆窗．遇风即阖（闭），风息即闾（开）。吾所居座，前帘后屏，太明则下帘以和其内暗，太暗则卷帘以通其外耀。内以安心，外以安目。心目皆安，则身安矣。”

第三节 古代的廊和庭

廊是指屋檐下的过道、房屋内的通道或独立有顶的通道，主要是回廊和游廊。廊是建筑的组成部分，也是划分空间格局的重要手段。廊呈线条状，不仅有遮风、挡雨和通行等实用功能，而且还能增加庭院空间的景深层次，是组合景物的重要设施。

中式庭院，刚柔并济，精妙绝伦。不论是古典庭院的雅致，还是现代庭院的柔美，都是千年岁月中积淀的精华。而其中的亭廊，可观山水佳境，让人心旷神怡，亦可予人无限遐想。光影间，廊亭里，神自往，归心处，以匠人之心，洗尽浮华之气。看庭前花开花落，望天空云卷云舒，正是中式庭院的魅力所在。

余秋雨曾说，就中国文化而言，院落是安顿生命、安顿家属和安顿精神的场所，一道墙把一个家庭围起来以后，里面是个独立的世界，院落是他们的天地。通过观察中国古代建筑的布局规律，可以看出古建筑即由若干座单体建筑和围廊、围墙等环绕成的庭院组成。

这种庭院式的布局思想是中国封建社会“长幼有序，内外有别”的思想意识体现。在这种布局中，多数庭院前后串联，不仅使建筑空间变得更加开阔，也反映了中国古代社会的等级制度和家族观念。宋欧阳修在《蝶恋花》中用“庭院深深深几许”的诗句来描绘庭院的幽深，也从侧面反映了中国文化中对庭院的重视，可见，中国古代建筑的布局特征既体现在建筑中，也反映在文学、绘画等艺术中。古人还以“侯门深似海”来形容大官僚的居所，形象地点出了中国建筑在布局上的重要特征。这种庭院式的布局思想为中国传统园林的发展奠定了基础，成为中国建筑文化的重要组成部分。

中国古代建筑采用庭院式组群布局，沿纵轴线和横轴线设计，应用均衡对称的方式——主要建筑物位于纵轴线上，次要房屋则分布在左右两侧的横轴线上。这种布局的艺术效果非常独特，与欧洲建筑有很大的不同——欧洲建筑通常是一览无余的，而中国古代建筑则像一幅画卷，需要逐步展开才能欣赏到全部景色。

深入一所中国古建筑，需要从一个庭院走进另一个庭院，全部走完才能看完这幢建筑。

一个庭院承载了人们在自然意识下对生活的憧憬。无论是北京的四合院、上海的石库门还是广州西关大屋的内庭院，庭院无疑都是东方人绵延至今的居住情结。对于根生黄土的中国人来说，庭院象征着天地，是建筑的精髓，亦是文化与情感的积淀传承处。中国人之所以把“家”叫“家庭”，是因为家必须有庭院，庭院情结已经渗透进中国人的血液。

庭院围合而形成的天井是中国民居的点睛之笔，它接天通地，聚气藏风，吐故纳新，坐于其中能够晨沐朝霞，夜观星斗。这种既与外界相对分离，又与自然亲密接触的设计，真正做到了“天人合一”“和谐共生”。

小桥流水人家，亭台楼榭古院，风荷晚香，曲涧泉鸣，花墩坐月，碧沼观鱼，竹林冬翠，桃坞烘霞，柳塘烟晓，桐荫别径……中式民居古典庭院，好似一幅古朴无华的写意画，它让我们的心境回归平静，回归自然，也回归生命最初的本真。

第四节　古代的佛教建筑

中国有多个宗教，由于不同的教义和使用需求，宗教建筑表现为不同的布局和式样，如佛教的寺、塔、石窟，道教的庙、观，伊斯兰教的清真寺等。而各类宗教中，最具影响力的是佛教和道教。

佛教起源于印度，公元1世纪左右传入中国，而道教是中国本土宗教。佛、道两教各具特色，佛教的主要建筑有佛寺、佛塔和石窟，道教的主要建筑为道观。从建筑的角度看，道观有佛教建筑的影子，因此中国古代宗教建筑的成就主要体现在佛教的寺、塔和石窟中。

佛塔是佛教建筑中颇具特色的建筑类型，起源于印度，最初是供奉佛骨（舍利）用的，后来随着宗教的发展，成为一种宗教纪念建筑。佛塔随佛教传入我国后，内涵和建筑形式发生了较大的变化，建筑形式日渐多样，如楼阁式、密檐式、金刚宝座式等，其中楼阁式是中国佛塔的主流形式。

在我国现存的古塔中，塔的形式千变万化且建筑技艺精湛，充分表现了当时人们对佛祖的虔诚。塔不仅是我国佛教建筑文化的历史见证，也是古代建筑艺术辉煌成就的代表。

根据塔的外形，古塔可以分为楼阁式塔、密檐式塔、亭阁式塔、覆钵式塔、金刚宝座塔、过街塔、花塔、九顶塔、陶塔、琉璃塔、金塔、银塔、铜塔、铁塔等；根据塔的功用又可以分为舍利塔、藏经塔、风水塔等。

中国古塔多采用“下为重楼，上累金盘”的形式，十分独特。早期为木结构四方形楼阁式，至唐以后，砖结构替代木结构塔，形状由四方形发展为六角形、八角形、十二角形、圆形、菱形等。造型上也由楼阁式逐渐过渡到密檐式、覆钵式、金刚宝座式、过街式等类型。

中国佛塔的层数一般习惯取奇数，构造分地宫、塔基、塔身、塔刹四大部分。塔在中国文化里有镇妖魔、兴文风、祈福寿的意义以及观敌情、览山水等作用。

地宫，是中国古塔独有的构造，是中国传统文化对印度佛教塔制的创新。印度佛塔在佛塔顶部供奉佛骨、佛经，这不符合中国入土为安之习俗，因此出现了在塔下安放佛骨、佛经的地宫。地宫一般为砖石砌筑的石函，平面方形或六边形、八边形、圆形等，一侧开一门洞，门洞之外有一甬道与外界相通，石函中有层层函匣相套，内中一层安放佛骨。

塔基，是覆盖在地宫之上的承塔基础性建筑，唐以前只是起着塔身的基础作用，比较低矮。唐以后，尤其是辽、金时期，塔基向高大发展，明显地划分出较低矮的基台和较高大华丽的基座，如喇嘛塔的基座可占塔高的三分之一，金刚宝座塔的基座则已成为塔身的主要部分，上面的塔反而要小许多。基座的雕饰也成为古塔最出彩的部分。

塔身，是塔的主体建筑部分，外部风格表现出各式各样的形制，内部则相对简单地只分为实心和空心两类。实心多以石块或夯土充填，空心者多表现为楼阁式，可以登临。塔身结构主要有木楼层结构、砖壁木楼层结构、木中心柱结构、砖木混合结构、砖石中心柱结构五种。

塔刹是塔最顶端的部分，建塔时往往会对其进行重点修饰。塔刹，梵语是“刹多罗”，象征佛国，可以说没有塔刹就没有宗教上的意义。

佛教石窟也是从印度传入的，是一种依山开凿的特殊佛寺，因此也称石窟寺。中国最早的石窟在新疆，后经河西走廊遍及内地。现存石窟较多集中在北方的新疆、甘肃、山西、河南等地，南方的四川、浙江、江苏也有一些，但建造年代较晚，规模也较小。我国最著名的石窟群有四处，即甘肃敦煌莫高窟、山西大同云冈石窟、河南洛阳龙门石窟和甘肃天水麦积山石窟。

敦煌莫高窟，俗称千佛洞，位于河西走廊西端的敦煌。它建于十六国前秦时期，历经北朝、隋、唐、五代、西夏、元等时期，形成了巨大的规模，共有735个洞窟，壁画达到4.5万平方米，泥彩塑达2415尊，是世界上现存规模最大、内容最丰富的佛教艺术遗址。

龙门石窟位于峭壁上，南北长达1公里，是洛阳极具代表性的景点之一。这座石窟历史悠久，堪称中国石刻艺术的宝库。石窟内有大量实物形象和文字资料，从不同角度反映了中国古代政治、经济、宗教、文化等领域的发展变化。龙门石窟对中国石窟艺术的创新与发展做出了重大贡献。

佛寺也是佛教建筑中颇具特点的建筑。位于浙江的灵隐寺又称“云林寺”，是中国著名的佛教寺庙之一。灵隐寺始建于东晋时期（公元328年），有着悠久的历史和深厚的宗教文化底蕴。它地处西湖山麓，背靠北高峰，面临飞来峰，四周被茂密的树木环绕，环境幽静宜人。寺庙内的建筑群布局严谨，寺内的大雄宝殿是其中最重要的建筑，是佛教活动的主要场所。

第五节　唐宋建筑的发展变化

唐朝前期持续百余年的统一和稳定，为社会经济的繁荣提供了条件。在唐中叶的开元和天宝年间，经济达到了极盛。尽管“安史之乱”后唐朝开始衰落，但终唐之世，仍然是我国封建社会经济文化发展的高峰时期。

这是中国古代建筑发展的一个重要阶段，是中国建筑史上较为繁荣的时期。在这个时期，不仅建筑技术有了重大进步，建筑风格上还出现了新的变化。人们开始建造多层楼房和高塔，建筑风格也趋向雄伟、华丽。中国建筑从传统的木结构建筑开始向砖石结构建筑转变，装饰风格有了新的变化，这为后来的中国建筑发展奠定了基础。

进入唐朝，木结构建筑营造已进入模件化生产时代。依等级确定好开间与进深之后，掌管设计的匠师推算出各部件的尺寸，随后木匠开始进入程序化作业，局部构件加工完成之后进行组装，便形成了我们今天看到的斗拱及梁架，在有效设计和良好指挥的前提下，构件虽由不同的木匠完成，但仍能有效组装并且顺利完工。

唐朝建筑屋顶举折和缓，四翼舒展，整个屋顶仅在平抟或中平抟转位置进行转折，属于早期建筑通用的两段椽式屋顶，屋顶整体大气稳重。

在现存唐朝建筑上，彩绘简繁得当，常用朱、白两色。即柱、额、梁、枋多是红色，衬以白壁，大殿多在刷红斗栱的侧棱上绘白色凹形，称为“燕尾”，红色枋上横画若干白色圆点，近于连珠纹。

唐朝的建筑技术和艺术发展都取得了重大进步，主要表现在：

第一，建筑规模宏大，城市规划严谨。长安是当时世界上最宏伟、繁华的城市，其城市规划影响了后世其他封建朝代城市的建设。

第二，建筑群处理越来越成熟，突出主体建筑的空间组合，强调纵轴方向的陪衬。这种手法影响了明清时期宫殿、陵墓的布局。

第三，解决了大面积、大体量的技术问题，木建筑实现了定型化。唐大明宫麟德殿采用了面积达 5000 平方米的柱网布置，反映了施工管理水平的先进与设计施工水平的高超。

第四，有了专门有从事公私房设计与现场指挥的技术人员，专业技术熟练，促进了建筑设计与施工的进步。

第五，砖石建筑有了进一步发展。唐朝采用砖石建造的佛塔数量增多，目前保留下来的唐塔均为砖石塔。

第六，建筑艺术加工成熟，表现出气势宏伟、严整开朗的风格，达到了力与美的统一。建筑色调简洁明快，屋顶舒展平远，门窗朴实无华，给人庄重、大方之感。

第六节　诞生于宋的《营造法式》

宋朝是中国历史上一个非常重要的时期，其经济、文化和科技都达到了新的高度。尽管后世认为宋朝“积贫积弱”，但实际上宋朝民间的富庶和社会经济的繁荣都远超盛唐。在宋朝，政治、经济、文化、手工业和商业等都得到了很大的发展，科学技术也有很大的进步，这促进了宋朝建筑水平的提高。随着市民阶层的壮大，宋朝建筑发生了很大变化，不再像唐建筑那样雄浑、豪迈，而更加偏向纤巧、秀丽，注重装饰和细节处理。

宋朝建筑泛指公元960年至公元1279年间的建筑，包括北宋和南宋境内的建筑以及辽、金、西夏境内的建筑。这些建筑形式不仅与当时的经济、政治、文化、思想、习俗等密不可分，而且还相互影响、相互促进。宋朝建筑风格的形成与宋文化的特点密切相关，正如王振复先生所言，宋文化显得文弱而文雅，思想感情已由唐的热烈奔放转为宁静、深沉，这种文化特点也深深地烙印在宋朝建筑风格上，体现了宋人的审美趣味和文化追求。

一、建筑尺度缩小

无论是北宋的都城东京，还是南宋的都城临安，其城池和宫殿的规模都远远小于唐时的长安。《中国建筑史》就曾指出：“北宋宫殿布局不如唐恢宏。”此外，北宋的陵墓尺度也趋向缩小。这种建筑布局虽然与当时国力减弱有关，但更多的是受到当时理学思想的影响。理学强调“存天理，去人欲”，因此当时的中国文人学子及整个民族的文化心态，都趋向“内敛”，在物质层面上一般不求宏大，转而寻求精神层面上的深广蕴意。

二、建筑布局随意

在宋朝，城市建筑布局变得灵活多样，打破了“坊”“市”等界限，商业活动不再局限于特定区域，住宅、商业贸易和手工业作坊等直接面向街道，形成了以临街设店为特点的平面布局。这种变化反映了城市市民意识和实用观念的觉醒，也体现了宋文化的世俗化和平民化趋势。

宋朝的建筑总体布局与唐不同，采用了若干个四合院组成的轴线排列组群布局，加强了建筑的纵深感。此外，主要建筑不再由纵深的两三座殿阁组成，而是以较低的建筑物环绕中央高耸的殿阁，形成一个整体。这种精心处理的布局，使每一座建筑物都呈现出园林的趣味。

宋朝的宫殿建筑风格清雅柔逸，尤其是屋顶翘起的趋势，给人轻盈、柔美、秀逸之感。园林建筑更是纤巧、秀丽，自然美与人工美相融合。这种建筑风格与宋的绘画、雕塑等艺术形式相似，呈现出空间的广袤无垠和内心的宁静。

三、建筑结构改变

在宋朝，住宅建筑仍然以梁柱式的木架结构房屋为主，木架结构采用了古典的模数制。宋朝将木架建筑的用料尺寸分为八等，按屋宇的大小、主次，量屋用“材”。在此时期，建筑结构出现了更加复杂的新形式，如殿、台、楼、阁等，同时也有了大量的变化，如斗拱的承重功能减弱，拱高与柱高之比越来越小，昂被斜撑取代，补间铺作的垛数增多。

为了规范化建筑构件、建筑方法和工料估算，宋朝的建筑业形成了一系列标准和规范。其中最著名的是李诫所著的《营造法式》和《木经》，被视为中国古代最全面、最科学的建筑学著作，也是世界上最早、最完备的建筑学著作。《营造法式》被誉为宋朝建筑业的“国标”，对中国古代建筑的发展产生了深远的影响。

四、民族建筑风格融入

在中国，辽和金是由少数民族建立的朝代。辽在吸收汉文化后进入了封建社会，建筑风格保留了许多五代及唐的特点，同时也展现了游牧民族的豪放性格，建筑物给人以庄严、稳重的印象。辽的一些殿宇面向东方，这与契丹人以东为上的宗教信仰和居住习俗有关。

后来兴起的金的建筑师大多是汉族，因此金的建筑风格兼具了宋和辽的风格，但更偏向于柔美的宋式建筑。当然，也有一些金的建筑形式过于烦琐，具有堆砌式的风格。总的来说，辽、金两朝的建筑风格展现了民族文化的融合，这段时期是中国建筑发展史上的重要阶段。

五、新建筑类型出现

宋朝的商业比以往要发达，发达的商业促使了为工商业服务的新建筑出现，比如密集的市集、邸店、廊屋等；又因为商业人口流动、取消了都城“宵禁”的限制，因此在东京出现了夜市和各种公共娱乐场所，比如看戏的瓦子、豪华的酒楼、勾栏等。

宋朝建筑在建筑形式上日渐趋向系统化和模块化，建筑类型多样，呈现出自由多变的组合方式，拥有更专业的形式和更成熟的风格。总体布局方面，宋朝建筑加强了建筑的空间层次，突出主体建筑的重要性。

宋朝单体建筑的平面形式多样，屋顶组合错落有致，立体轮廓丰富多彩，与唐朝浑厚的建筑风格不同，宋朝建筑的屋脊、屋角起翘，给人一种轻柔的感觉。建筑物配以多种类型的彩绘、多种手法的雕饰、多种造型的门窗，形成了柔和、工巧、秀丽的建筑风格。总的来说，宋式建筑充满了变化与创新，呈现出丰富多彩的建筑风格。

六、建筑材料精细化

宋朝文风昌盛，有别于盛唐的雄浑、华贵，宋式建筑偏于精巧细腻，呈现纤巧、秀丽的风格，并注重装饰。经济、手工业和科学技术方面的发展，使得宋朝的斗拱体系、建筑构造与造型技术达到了很高的水平。

生产力的发展推动了宋朝手工业的进步，这个时期的瓷器、纺织、印刷、造纸、造船等工业水平远超过去，细致精巧的倾向也影响了当时的建筑风格。砖石建筑上开始使用标准化的琉璃瓦和面砖，并运用了陶瓷模制压花技术，今天我们可以从开封铁塔上看到这些成就。

在建筑装饰方面，北宋建筑专注于处理细节。由于商业的繁荣，建筑趋于华丽。而南宋因偏安一隅，建筑的装饰风格倾向于精雅。

在宋朝建筑中，油漆被广泛使用，建筑颜色愈发鲜艳。窗棂、梁柱以及石座的雕刻和彩绘变化丰富，柱子造型也变化多端。木架部分采用了各种华丽的彩绘，包括涂满五彩花纹的“五彩遍装”、以青绿色为主的“碾玉装”和“青绿叠晕棱间装”。这些彩绘的运用，让建筑物更加绚丽多彩，充满了艺术感和生命力。

七、建筑密度高

宋朝的城池规模比之前相比是缩小的，建筑布局比较随意，这样一来，有限的空间就局限了单体建筑的规模，让建筑往高处走，平面布置也不得不采用更紧凑的四合围拢方式——或是用侧翼的楼和主楼相连，或是前后以柱廊相连。

这样做的结果就是土地使用效率提升，多层建筑物出现，城市中豪华的店屋常呈现重楼飞阁的姿态。在城市经济繁荣基础上发展而来的这种有高度使用价值、形象优美、立面组合变化多样的楼阁是宋朝建筑对中国建筑发展的重大贡献。

第七节　始建于唐宋的客家民居

两晋至唐宋时期，由于战乱、自然灾害等原因，黄河流域的人们被迫南迁，历经五次大规模迁移，逐渐定居于南方地区，“客家人”由此而来。他们选择在山区或丘陵地带安家落户，为了防止外敌和野兽的袭扰，大多数客家人选择集中居住，形成了独特的客家民居，这是客家建筑文化的集中体现。

客家民居通常是由土木结构和石块组成的多层建筑，宏伟壮观。它们一般呈圆形或方形，高度可达数层甚至十数层，内部分为多个房间，每个房间都有特定的功能。这些民居既是住宅，也是防御工事。

客家民居在各地有不同的名称，但大都以“围”字命名，如围屋、围村、围楼等，主要有三种样式——客家围屋、客家排屋、福建土楼。客家民居采用独特的建筑技巧和设计理念，以适应山区复杂的地理环境和客家人的特殊生活方式——建筑通常采用厚重的土墙和石块建造，具有很强的抗震和防御能力；民居内部设置有宽敞的天井和楼梯，便于居民之间的交流。

一、客家民居的客家文化

客家民居是客家文化的重要组成部分，也是中国传统建筑的杰出代表之一。它们不仅展示了客家人的智慧和建筑技术，还反映了客家人的家族观念和社会组织形式。

（一）受中原文化影响的民居建筑

客家民居作为客家文化的重要组成部分，承载了中国古代的封建礼法观念。封建礼法强调社会秩序、家族关系与个人责任的重要性，客家民居则通过其建筑布局、祭祀仪式、家族结构等体现这些观念。客家民居的建筑布局遵循对称和中庸的原则，体现了尊卑关系。作为祭祀先祖的场所，祖堂屋强调了对祖先的崇敬和尊重。同时，民居内的家族成员共同生活，遵循着家族秩序和规范。这种礼法观念使得客家民居成为客家文化的重要象征之一。

首先，客家民居中的祖堂屋具有独特的地位。它是一个特殊的空间，被用来供奉和祭奠先祖。祖堂屋通常位于民居的上层，是整个民居平面布局的中心，其他建筑均围绕着它展开。即使民居需要扩建，祖堂屋的位置也要保持不变，始终是民居的核心。祖堂屋不仅是供奉祖先的地方，还是进行礼法教育和家族事务讨论的场所，因此在客家民居中具有至关重要的地位。

其次，客家民居体现了儒家思想中的中庸之道。无论是建筑形式还是布局规划，客家民居都遵循了一些共同的特点。一是它们通常采用方形的建筑形式，展现稳重和坚实；二是民居的平面布局均以中轴线为基准，整体设计追求对称；三是民居内部的功能区域划分明晰，大小适宜，显示出主次分明的特点。这些特点都反映了客家人对和谐、平衡和秩序的追求。

（二）聚族而居的习俗

在客家民居中，家族成员遵循着明确的秩序和规范。长辈在民居中享有更高的地位，他们的房间一般位于民居的上层，而年轻一辈则住在下层。家族成员遵循着家族的规矩和传统，共同维护着民居的秩序。

除了私人空间，客家民居还有公共区域。这些区域包括天井、厨房、祠堂等，是家族成员之间交流、互动、团聚之所，也是传统文化、价值观念的传承之地。客家民居的共同居住形式促进了社群关系的形成和发展。这种社群关系在客家人的日常生活和社会活动中起着重要的作用，增强了客家人的归属感。

（三）特殊的建筑形制

客家人多居住在山区或丘陵地带，这种地理环境对民居的建筑形制产生了影响。由于地理条件复杂，客家民居需要适应山地的陡峭，因此通常采用多层建筑形式，以节约用地并适应地形。

客家民居的建筑结构中通常包含一个被称为“禾坪”的公共活动场地。禾坪在农业生产中具有重要的功能，主要用于晾晒谷物。这个场地通常为长方形，位于半月形的池塘和入户大门之间，充当过渡空间的角色。当敌人或野兽来袭时，为了更久地防守，客家人在饮食习惯上有一个显著的特点，即多食用腌制的食物。这类食物通常可存放较长时间，而制作这类食物就需要禾坪。

此外，客家民居前通常有一个半月形的池塘，民居内部则设有水井。这些设计不仅为居民生活提供了方便，还在消防方面起作用。水井中的鱼群不仅具有观赏作用，还可用来检测水质，为族群的生命安全提供保障。

二、客家民居的建筑特点

（一）攻防一体的民居建筑

客家民居采用土木结构和石块建造，墙壁厚实，屋顶坚固，具有很强的防御能力，能够抵御自然灾害和外来威胁，保障居民的安全。观察窗、箭楼、防御堡垒等设施起警戒作用，增强防御性。大门坚固，并采用复杂的开启机制，使得外来人员难以闯入。此外，入口处还设置有一些防御性的构筑物，如城楼、门楼等，以加强门户的防御能力。

（二）连廊结构

连廊不仅是一个走廊，还具有多种功能。在连廊上，家族成员可以摆放各种生活用品，如家具、器具等。有些连廊还可以用作家族活动的场所，如聚会、祭祀等；有些作为库房，用于存放武器；还有一些是公共空间。连廊的设计使得民居互相连通，形成紧密的网络，加强了家族观念。

（三）建筑规模宏大

客家民居通常是由多个建筑单元组成的大规模建筑群。这些建筑单元相互连接，形成一个整体，形状多为方形或长方形。整个民居建筑群占地面积很大，有的甚至可达几千平方米。赣南龙南的关西新围占地面积超过 7700 平方米，是该地区占地面积最大的客家民居。民居的规模和建筑的豪华程度展示了客家人的富足。

（四）功能一应俱全

客家民居具有生产、生活、娱乐、文化、教育、防御等多种功能。如为了满足娱乐休闲需求，关西新围在围内设置了戏台和花洲。戏台所在的建筑还提供住所，方便演员编排曲目，随时表演。

（五）建筑材料特殊

民居墙体采用砖石建造，内部使用土坯，这种结构俗称为“金包银”。内隔墙也使用土坯建造，墙基则采用坚固、美观的条石勒脚。

外墙采用特殊的建筑材料，用混合了糯米粉、蛋清、红糖、桐油等具有较强黏性的食材与石灰铸成。这样做的目的是使墙体坚不可摧。此外，在敌我双方僵持不下、围内食物耗尽时，可以剥下外墙的石灰层，取内里食材来煮食，为围内居民提供食物。

（六）内涵丰富，是建筑艺术的宝库

客家民居被称为“夯土的史书”“立体的诗歌”，这是因为它不仅是一座坚不可摧的堡垒，更是一部蕴含丰富文化内涵和审美精神的艺术作品。客家民居建筑结构精致，围内的雕塑、木刻、绘画、楹联等无一不展现着客家人的文化底蕴。它们以独特的建筑形式和精湛的艺术细节，展示了客家人的智慧和审美追求。

客家民居记录着客家人的历史、传统和文化，诉说着世代相传的故事和价值

观。客家民居通过雕塑、木刻、绘画和楹联等艺术形式，传达出独特的情感，丰富了人们的审美体验。

三、客家民居的类型

客家民居是中华文化的瑰宝，在南方建筑里面占有重要地位，它可分为客家围屋、客家排屋、福建土楼三种样式。

（一）客家围屋

客家围屋是客家民居的典型建筑形式，也是客家人在世代迁徙中形成的特色住宅。客家围屋通常建造在丘陵地带或斜坡上，主体结构由堂屋、横屋和围屋组成。堂屋是主要的居住空间，横屋位于堂屋两侧，而围屋则环绕在正屋周围。这种结构形成了一个封闭的庭院，保障了私密和安全。

围屋是客家围屋的独特特征。它通常呈半月形，与两侧的横屋相连后将正屋围起来。围屋的设计不仅增加了建筑的稳定性，还提供了额外的居住和储物空间。客家围屋还采用了抬梁式和穿斗式的结构，使建筑更加坚固、耐久。

客家围屋建筑风格独特，常见的特征包括前低后高、两边低中间高的双曲线形状以及层层叠叠的建筑结构，这使得客家围屋能更好地适应山区地形，并且提供了良好的采光条件。客家围屋不仅是客家人居住的场所，也是客家文化的重要象征。它承载了客家人的历史记忆，反映了客家人的勤劳、朴实、坚韧。

（二）福建土楼

福建土楼，也被称为“土堡”，也是中国传统民居中的瑰宝。福建土楼是一种独特的多层圆形或方形建筑，通常由土坯、石块、竹木和其他自然材料构建而成。它的外墙非常坚固，可以抵御自然灾害和外敌入侵。土楼通常三至五层，每层都有独立的功能。内部布局非常巧妙，通常以中央天井为中心，四周围绕着房间和楼梯。每个房间都有特定的用途，例如起居室、厨房、卧室、储藏室等。楼梯则位于内部或外部，连接了各个楼层。福建土楼具有出色的防御功能，多数土楼都设有厚重的木门和防御设施，为居民提供安全的居住环境。此外，土楼通常装饰着精美的壁画、雕刻和彩绘，反映了人们的文化传统和宗教信仰。

（三）客家排屋

客家排屋是碉楼和排屋相结合的传统民居建筑，为客家人所独有。它是客家物质文明和精神文明的珍贵遗产，是客家民居中的代表之作，是客家精神文化凝固的史诗。

客家排屋是客家人在农业文明的基础上，为适应新的自然环境而创造出来的，全面体现了客家人的生产技术水平和精神文化面貌。客家人从北向南，不断迁徙，最后在山区定居生活，形成了吃苦耐劳、开拓进取、包容开放、团结奋进的客家精神和敬祖睦宗、重教崇文、诵诗放歌的客家文化。客家排屋是源远流长、博大精深的客家文化的载体。

第八节　元朝的建筑

元朝是中国历史上继魏晋以后，又一次民族大融合的时期。在这样一个由少数民族建立起来的政权的短时间统治经营之下，建筑艺术究竟会迸发出怎样的火花呢？

在元朝，草原大汗入主中原，并迭西征，以拓疆土。外域文化以空前的规模进入中原，建筑艺术承接宋、辽、金，形成了独具风貌的元建筑。保留至今的元朝建筑，石雕装饰艺术堪称一绝，其中蕴含的宗教、民族、社会文化层面的意义，更值得我们深思。

一、元朝建筑的承袭

在元朝建立之前，蒙古部落与辽、西夏、金相邻，各国之间交流频繁，因此，元朝建筑在自身发展进程之中，既有所承袭，也有所变革。辽、金以及吐蕃对于元朝建筑的影响较大，比如“捺钵”风俗便是受辽的影响，这在《辽史》中有着明确的记载：“有辽始大，设制犹密。居有宫卫，谓之斡鲁朵；出有行营，谓之捺钵。”“辽国尽有大漠，浸包长城之境，因宜为治。秋冬违寒，春夏避暑，随水草就畋渔，岁以为常。四时各有行在之所，谓之‘捺钵’。”

“捺钵”，本是契丹族的方言，意为辽帝游猎时的“行营”。契丹人早期生活在蒙古草原东部，有逐水草而徙的游牧生活习惯，狩猎、畜牧是其主要的生产活动。契丹建国后，仍沿袭过去的游猎传统，国家设有五个都城，皇帝随着气候、季节以及水草不断迁徙，在各地所设的行帐中办公，由此便出现了“捺钵”。

这种颇具特色的“捺钵”制度，被后来的元朝统治者接纳。成吉思汗在“三河之源”兴建了四大行宫，分别用来春季放飞、夏季避暑、秋季围猎以及冬季取暖，建筑的形式与功能得到了充分发挥与利用。

同样，早期蒙古人建设都城以及城池，也均有所吸收各地的建筑营造特征。如一些宫殿、佛寺、城市布局等是由汉族人负责建造设计的；忽必烈时期，藏传佛教寺庙建筑在全国各地兴建，其中部分佛寺又仿效了宋朝神御殿样式。

二、元朝建筑的改良

元朝建筑不断变化，但不变的是传统工匠的智慧和技艺。虽然元朝建造的城市、宫殿以及宗教礼制建筑很少能够达到唐宋时期那样令人叹为观止的程度，但是工匠们吸收外来技艺，使得元朝建筑在传统营造技术方面有了很大突破。这种突破，主要体现在元朝的北方建筑中，具体表现在以下三个方面。

（一）斗拱地位降低，梁栿作用加强

在元朝，建筑结构和构件发生了一些重要变化。斗拱的地位逐渐降低，梁栿的作用逐渐增强。斗拱逐渐简化，而梁的跨度和断面不断增大，在一定程度上替代了斗拱，成为重要的简支构件。

（二）建筑的翼角发生了明显变化

在建筑转角部分，由于斗拱与梁栿的作用发生变化，斜出构件已不能提供可靠的支撑，因此北方木构将不常用的隐角梁改进后逐步推广开来，而南方木构则沿用宋法，仍将大角梁至于平榑之上或微微下落，将出檐尺寸变小防止倾倒。

（三）混合式结构发展，层叠式结构没落

在元朝建筑中，混合式结构逐渐取代了层叠式结构。混合式结构介于层叠式和柱梁作之间，复杂程度适中，主要用于建造级别较低但比简陋房舍级别略高的建筑，如厅堂等。因此，在很多庙宇殿阁的营造中广泛运用了混合式结构，这也反映了元朝建筑追求实用和简约的特点。

相比于宋朝精美繁复的建造形式，元朝建筑的技艺显得更为大胆，比如通过各类手法的大量使用，大胆地减柱造、移柱造等，将少数民族豪放、喜欢无拘无束的性格特点充分地体现了出来。不过，在大胆尝试的背后，始终离不开一张思虑周全的建造规划图纸。从这一方面而言，中国古代建筑的“定测样”是一脉相承的，深刻地反映出中国古代匠人的技艺智慧。

“先以尺为丈，以寸为尺，以分为寸，以厘为分，以毫为厘，侧画所建之屋于平正壁上，定其举之峻慢，折之圜和，然后可见屋内梁柱之高下，卯眼之远近。”宋元之际的官方建筑营造都要按照严格的比例制图，确定屋架举折和梁架高，然后进一步确定各构件榫卯大小及其位置。所以，“定侧样”就是建筑整体设计的主要方法。“画宫于堵，盈尺而曲尽其制，计其毫厘而构大厦，无进退焉。”作为一种营造的传统方法，“定侧样”在唐朝甚至唐以前便开始应用，至后世，画侧样图成为匠人的基本技能，值得一提的是，元朝的建造图纸有的时候是特意邀请画家来绘制的，元朝画家王振鹏就是当时有名的“界画”大师。

三、宗教建筑的兴建

影响元朝宗教建筑兴建的因素，主要来自两方面，一是中原道教，二是藏传佛教。二者的影响主要表现在建筑装饰上，但同时也深深地烙印于当时人们的心中，影响深远。

虽然道教在中国十分盛行，但道教石窟和造像却很少见，目前唯一已知的元道教石窟群位于山西太原龙山昊天观。这些石窟是古代石窟艺术衰落时期的杰作，其中第五窟的凤凰彩云浮雕尤其瑰丽华美。

总体来说，道教在元朝的发展相对较为缓慢，但在南方地区仍有一定影响力。道教的建筑多为庙宇，其特点是简约、朴素、自然。例如，金华山道观以木结构为主，屋顶覆盖青瓦，没有多余的装饰和彩绘。

相比之下，藏传佛教在元朝更为活跃。统治阶级大力推行藏传佛教，投入巨额资金用于佛事活动、经卷修缮和佛教建筑修建。在这种背景下，藏传佛教得到了传播的土壤，发展得十分迅速。

元朝佛教的兴盛也导致了大量寺庙的兴建，有的寺庙规模宏大，气势磅礴，元朝大学士吕大防兴建的北京灵光寺就是元朝佛教建筑中的代表。此外，元朝的佛教建筑注重色彩，常采用彩绘和浮雕等技法，使建筑更显富丽堂皇。

元朝宗教建筑的兴建反映出了统治者对宗教的宽容，也反映出了不同宗教在建筑风格和艺术表现上的特点。

四、众彩纷呈的元朝建筑

建筑多数以功能分类，因此，古代建筑的最基本分类即为宗教建筑和住宅建筑。

在元朝建筑中，我们能够明确地感知到宗教建筑背后的意义。元朝是各民族文化交流、融合的历史缩影，也是研究草原游牧民族文化艺术必不可少的重要篇章。可以说，元朝的建筑艺术是在一个征服世界的帝国的文化影响下应运而生的。因此，元朝建筑呈现出中西合璧、多种文化元素融合的特色，比如，由尼泊尔的阿尼哥设计建造的白塔、元四都以及佛龛建筑群都是独树一帜的特色建筑。这一时期的建筑艺术是在多元化的文化背景中独立存在的，而这种多元文化的稀世之花，也在游牧民族包容性格的土壤中生根发芽，最终成为那一抹中国建筑史上的灿烂霞光。

元朝的建筑风格别具特色，但这一时期的经济、文化发展缓慢，建筑发展也基本处于凋敝状态，因此元朝建筑多承袭宋金时期的风格特点。梁思成先生的《中国建筑史》中曰：“就结构方法论，元代与宋金虽尚多相似之点，似应在上章叙述，然其整个建筑活动，以大都为中心，创建明、清北京之规模，六百余年继续不断，故元、明、清实应作一时期之三阶段论。”

元朝的官式建筑就是在承袭宋金建筑的基础上发展而来的，建制愈发严谨规范，形态也更为端庄，这些发展对于之后的明朝官式建筑有着重要影响。元朝建筑粗放不羁，木构多用原木作梁，外观粗犷，多用白色琉璃瓦，为一时代特色。

对于建筑，元朝去繁从简，喜爱广阔自由，古建宫殿之中的平屋顶——盝顶就源于元朝。同时，元也对梁架进行了创新，技艺显得更为大胆。其中对于建筑构件改变最明显的便是斗拱，元建筑中的斗拱逐渐简化、跳数减少，而且结构中梁的跨度及断面不断增大，更是通过减柱造、移柱造等营造做法，大胆减省木构架结构，将蒙古族豪放的特点充分地体现了出来。

第九节　明清时期的建筑风格

明清时期是中国古代建筑的最后一个发展阶段。虽然单体建筑的技术和造型日趋定型，但在建筑群体组合、空间氛围的创造上，却取得了巨大的成就。特别是在园林领域，明朝的江南私家园林和清朝的北方皇家园林都是最具代表性的古代建筑群。此外，明清时期的古城市和南北方的民居，如明清北京城、明南京城以及北京的四合院和江浙一带的民居等，都是中国建筑史上的杰出代表。

明清时期的建筑不仅在创造群体空间的艺术性上取得了成就，在建筑技术上也有所突破。明清建筑突出了梁、柱、檩的结合，减少了斗拱，这不仅简化了结构，还节省了大量木材，从而达到了以更少的材料取得更大建筑空间的效果。同时，明清建筑大量使用砖石，促进了砖石结构建筑的发展。

虽然明清时期单体建筑艺术性下降，但明清建筑的技术进步和艺术成就，是中国建筑史上的重要一笔。

明清时期是中国古建筑发展的最后一个高峰，建筑呈现出外形简练、细节烦琐的特点。官式建筑的斗拱比例缩小，柱比例细长，不再使用“生起”“侧脚”“卷杀”等元素，梁枋比例沉重，屋顶线条不再柔和，呈现拘束但稳重、严谨的风格，建筑更显简练，符号性也更加强烈。官式建筑已经完全定型化、标准化，政府和民间均制定了相应的建筑规范和标准。同时，随着制砖技术的提高，砖建筑得到了推广，城墙和大型建筑也开始采用砖结构。清朝园林成就突出，各地区的建筑发展逐渐形成特色。总之，明清时期的建筑艺术在形式和技术上都有所创新，展现出了独特的魅力。

细究起来，明朝建筑与清朝建筑也有区别，多见于建筑细节和内部结构，例如，明斗拱体积略大于清斗拱，补间斗拱攒数相对较少；明朝或清早期的昂有一个折角，而清中晚期是直的；明斗拱有隐出上昂和隐出六分头的现象，而清朝没有；还有梁架结构的差别，明朝梁架上还具有前朝的诸多特点，而清朝的梁架趋于固定和规范，也相对简单；另外平板枋的截面尺寸也略有不同，明朝木构大架依然保持着浓郁的宋构特征。

明朝建筑进一步发展了木构架技术，官式建筑形象较为严谨、稳重，装修、彩绘、装饰日趋定型；砖石与琉璃制作技术提高，产量增加，砖普遍用于民居砌墙，砖石住宅数量大增，装修陈设上有了许多砖石、琉璃、硬木等不同材质的作品。明朝在建筑等级制度方面有较严格的规定：一二品官厅堂五间九架，下至九品官厅堂三间七架；庶民庐舍不逾三间五架，禁用斗拱、彩绘。明朝住宅的等级制度主要是限制间数和架数，至于建筑层数，则可因地制宜。住宅典雅稳重，做工讲究，装饰精美，雕刻和彩绘细腻而雅净。

明朝的建筑样式，上承宋朝营造法式的传统，下启清朝官修的工程作法，建筑设计规划以规模宏大、气象雄伟为主要特点，建筑群的布置也更为成熟。明初期的建筑风格与宋、元相近，古朴雄浑，明中期风格严谨，明晚期则趋向于烦琐。

纵观明朝建筑，其早期特征延续宋元时期的木构样式，以木结构建筑体系为主，但屋身外观良有诸多变化，屋顶的飞檐翘角充满灵动之美。后因制度与建筑技术的革新，清中期建筑的严谨风格更具明朝特色，清后期彩绘色彩对比强烈，轮廓鲜明，富丽堂皇。值得一提的是，风水术的使用在明朝已达极盛，其对建筑的影响是多方面的，几乎所有的房屋、陵墓都根据风水理论来选址。

第十节　风水对建筑的影响

风水学是一套寻找建筑吉祥之地的景观评价体系，是中国古代建筑选址和布局的艺术，也是我国古代建筑活动的指导原则和操作指南。

风水学集地理、气象、生态、规划、建筑于一体，是一套融合“理”“数”“气”“形”的理论体系，其基础建立在中国传统哲学中的阴阳、元气理论之上，所以自然地把“天人合一”“万物一体”作为整个风水理论的灵魂。

风水是一门古老的环境设计理论，其目的是通过安排事物来改变环境的气场，从而营造一个宜人的生活空间。风水涉及建筑的选址、朝向、规模和尺度等各个方面，以及城市规划中如何利用河流、山川等自然要素。风水的基本原理是利用自然的力量和阴阳平衡来获得吉祥之气，从而促进健康、增强活力。古人认为遵循风水原则，可以在与自然和谐共存的基础上，创造出宜人的生活环境，提高生活质量。

建筑风水的原理包括背山面水、负阴抱阳、房屋朝向、轴线方向等。通过这些原理，人们可以创造出舒适的生活空间。例如，背山可以挡住北来的寒流，面水可以迎接南来的凉风，朝阳可以争取更多的光照，近水方便生活和灌溉。

以上所述是建筑风水选址中常见的要素，可以通过背山面水、对景借景、建筑物等方式来实现。如主山、少祖山、祖山等自然山峦可以作为基址背景，形成多层次的立体轮廓线，增加风景的深度；河流、水池可以作为基址前景，形成开阔的视野，同时水面上的波光水影也可以为景色添彩；虞山、朝山可以作为基址的对景、借景，形成前景的构图中心，使视线有所归宿；水口山则可以作为障景、屏挡，形成空间对比，营造豁然开朗、别有洞天的景观效果；人工建筑物如宝塔、楼阁、牌坊、桥梁等可以作为环境的标志物、控制点、视线焦点、构图中心、观赏对象或观赏点，具有易识别和观赏性强的特点。

此外，多植林木、花草等植被不仅可以保持水土，调节温度和湿度，营造鸟语花香、风景如画的自然环境，而且当山形水势有缺陷时，可以通过修景、造景、添景等办法来弥补。有时还可以通过调整建筑出入口的朝向、街道平面的轴线方向等办法来避开观感不佳的前景，以期获得视觉上的平衡。

风水观念所构成的景观常具有围合封闭、中轴对称、富于层次感和曲线美等特点。这些特点均与中国传统哲学、美学思想密切相关，反映了中国古代的价值观和审美观。

第五章 地域文化与建筑设计构思的结合

近年来，中国不断加强与世界各国的交流，外来文化逐渐对建筑设计产生影响。一些建筑设计风格向西式倾斜，给人以时代感，但却无法让人感受到建筑中蕴含的情感。因此，设计师们开始重新审视本土文化在建筑设计中的作用，从而为人们带来了更出色的视觉体验，帮助人们找到了心灵归属。

地域文化是一个地区在地理环境的基础上，精神文明与物质财富融合所形成的文化。它可以全面反映当地居民的生活状态、精神状态、价值观念。在建筑设计中，地域文化成为一个重要的设计元素，为建筑设计师带来了更多的设计灵感，为建筑赋予了不同的文化内涵。

在建筑设计中，设计师需要合理融入文化内涵，实现建筑文化与建筑风格的互联互通，需要考

虑地域环境和建筑风格的契合度，在发扬传统建筑文化的前提下吸收外来建筑文化，让当代建筑与城市环境相融合，促进中国建筑事业良好发展。

第一节 建筑是环境艺术

自然环境与建筑是协调、统一的。美国建筑大师莱特曾说过："建筑是大自然的点缀，大自然是建筑的陪衬。离开了自然环境，欣赏不到建筑的美；离开了建筑，环境又缺少一点精灵。"精灵是我们赋予建筑的灵性、情感，让建筑有了生命。我们生活在这个美丽的星球上，建筑是我们与大自然沟通的桥梁。

建筑设计构思就要以自然文脉为背景，如山、石、水、光、风等，利用借景、观景的手法，将建筑引入自然、融入自然，使建筑成为环境不可或缺的一部分。

一、建筑方位

建筑方位通常是指建筑物主要采光窗或主要入口的朝向，方位好坏常常以沐浴阳光的时长来判定。在古代，建筑方位具有浓厚的政治、文化、宗教等色彩，"方"与"位"有着重要的意义，《周礼》中就指出君王建国必须辨明方向。

在早期，人们借助太阳、月亮、北极星、北斗星等天体的空间方位来辨识方向，渐渐对方位有了认知，最终确定了东、西、南、北等基本方位。人们最初熟悉的方向为日出的东方，此处所指的"东方"并非"正东"，但在人们掌握准确的空间定位法则之前，太阳升起的方向一直被视作东方。随着时间的推移，东方被视为吉利的方向，与吉祥、繁荣关联，"以东为尊"的观念逐渐渗透到社会生活的各个层面。

在古代文化中，“南面”也十分重要。人们在建造房屋时，发现坐北朝南可以充分沐浴阳光，因此认为南向为尊，古代帝王召见群臣，多面南而坐。后来，“南”泛指帝王的统治，也就有了“南面之尊”的说法。这种坐北朝南之制深刻影响了中国古代建筑的方位设定。

二、建筑方位的变革

建筑方位的演变与人类文明的进步息息相关。建筑方位的变革反映了人们对空间方位认知的变化，方位在不同历史阶段具有不同的政治、文化、宗教意义。在古代，建筑方位不仅可吸纳阳光、保证光照，更是阐明了人与自然、天地间“天人合一”的关系。因此，建筑方位与中国传统文化密不可分。

“天人合一”的环境观念深刻影响了中国传统建筑的选址与营建。建筑师强调人为营造与所处自然环境相协调，注重风水学说，创造并发展了以山水为主题的城市，创立了崇尚自然的美学观。这使得中国传统建筑成为世界建筑的重要组成部分，展示了中国人对自然的独特认知与审美。

（一）建筑与自然环境相协调

古人认为建筑应与自然环境相协调，强调建筑应该融入所处自然环境。在建筑选址和设计中，人们充分考虑气候、地形、地貌等条件，将山、水、木、石融入建筑设计中，营造出建筑与自然和谐共生的意境。

（二）注重风水学说

风水学说是中国传统文化中的重要思想体系之一，其内容包括建筑选址、环境配置、家具陈设等。在建筑选址和设计中，人们遵循风水学说，注重布局，以达成富足、健康、长寿等愿望。

（三）山水城市的创造与发展

山水城市是将自然山水融入城市设计中，营造出与自然和谐共生的城市环境。在山水城市中，建筑与自然环境相互依存、相互影响、相互促进，形成了独特的居住环境。古人运用叠山、理水、借景、漏景等手法，主动营造出了具有自然属性的积极空间，体现了对自然的重视。

（四）崇尚自然的美学观

在崇尚天道自然的观念影响下，古人将自然山水作为审美的观照对象。在建筑环境的美学观中，人们注重将建筑与自然环境相融合，营造出同自然和谐共生的意境。这种美学观念也因山水美学的发展而积累了深厚的文化底蕴。

中国建筑在气质上追求平和、宁静、雅致、含蓄，天然而不造作，奇异而不张狂，最集中的体现便是中国的自然式园林，其“写于自然，高于自然”“诗中有画，画中有诗”“虽由人作，宛自天开”的意境美是无与伦比的。

第二节　中国古建筑是凝固的文化

建筑设计是一门综合性很强的学科，不仅需要考虑建筑的美学和功能性，还需要考虑建筑与文化的融合。在建筑设计中融入地域文化，不仅能够增加建筑的艺术、文化内涵，还能够弘扬当地的传统文化。

中国古代建筑是古代建筑技术的艺术结晶，也是体现中国古代政治、经济、文化的载体。这些古建筑具有价值高、分布广、代表性强、时间跨度大、类型多样等特点，成为“不可移动的文物”。中国建筑的演变源于居民住宅力求满足人们对规模和尺度的需求。在中国古建筑中，最为显著的特征是“人”字形屋顶，这一特点贯穿于住宅、庙宇、宫殿等建筑中，形式统一。

中国古代将建筑作为等级划分的重要手段之一，有利于巩固封建等级制度，但也在一定程度上阻碍了建筑师发挥创造力，使其转而开始重视群体组合。如，清朝的皇家园林布局错落有致，极其讲究建筑群体与自然环境的搭配。

一、古代建筑的空间营造

在中国古建筑中，空间的营造是建筑设计中至关重要的一环，它涉及建筑的形式、结构、装饰以及建筑与周围环境的关系。中国古代建筑注重空间的内向性，喜欢以围合的方式营造空间，其代表就是院落。院落多为方形或矩形，内部常有花园、亭台、廊道等构件，营造出宁静、清雅的氛围。这种内向性的空间设计也反映了中国传统文化“以人为本”的思想。

在古代建筑中，空间的营造还表现在建筑的布局和构造上。例如，宫殿建筑的布局一般是以中轴线为基准，左右对称，前后呈现出逐渐升高的样式，营造出尊贵、庄严的氛围。而庙宇建筑的空间营造则更加注重建筑与自然环境的融合，常常利用山水、树木等自然元素来增强空间的美感和神秘感。此外，中国古代建筑的空间营造还表现在建筑结构和装饰上。例如，建筑结构中的斗拱、榫卯等构件和装饰中的彩绘、浮雕等元素，都能够产生独特的美感。

中国古代建筑主要为木结构，多运用板、梁、柱、枋等元素，其中，穿斗式、叠梁式和井干式是最常见的三种结构形式。穿斗式用料较少，立柱排列紧密，施工方便，经济效益高，因此在民居中应用广泛；叠梁式和穿斗式相结合，常用于空间较大的建筑；井干式可很好地顺应地形和地势，适合山区。

二、古建筑的“思想”与“文化”

作为人类文化遗产的实物表现，古建筑具有重要的历史、文化、艺术、科技价值，它是城市文化遗产的重要组成部分，也是历史和文明的见证。古建筑所蕴含的文化和历史价值，是我们了解和传承传统文化的重要途径。

“本土思想”是一片具有丰富自然资源和人文资源的土壤，扎根在这片土地上的建筑，自然就应该反映它的自然属性和文化属性。中国古代传统文化一贯推崇的是“天人合一”，也就是人要顺应自然。古人向往闹中取静的田园生活，认为不能归隐山林，就把山林搬到自己家里来。归田园居的生活模式被认为是文人所追求的最理想的生活方式。因此，在中国人的衣食住行中，首先强调的就是与大自然接触。生活在自然山林中，虽只有陋室草庐，但也不失文人的雅致。

从中国建筑史中可发现，秦时已经有了规模宏大的建筑群，并且在美学方面体现出了建筑的审美意象。到汉朝，中国建筑的结构体系和基本形制已大体确立。隋唐时期，中国土木工程进入兴盛时期，建筑体系更为完善，建筑装饰更为丰富。北宋时期颁布了《营造法式》，对各类建筑的设计、结构、用料等作了明确的规定。中国形成了以木架结构为特点的建筑风格，构成了中国建筑美学的独特形式，也形成了与西方砖石结构建筑不同的东方建筑体系。虽然经过了几千年的发展，但中国木架结构的建筑形制一直没有变化，体现出了独特的历史特征和美学风格。

在中国木构建筑的类型、布局、形制和设计上，处处渗透着中国人的价值理念、处世哲学、生活方式和审美趣味。中国传统建筑设计非常注重对称与均衡，以此来体现建筑群体和单体之美。中轴对称的建筑会产生均衡感，给人以庄严、肃穆之感。在组织过程中，设计者也会在对称中适当地加以变化，形成不完全对称的生动效果。这种处理方式在建筑群的组织安排中表现得尤为突出，也是让群体建筑均衡、对称但又具有变化美的主要方式。

中国古代思想家用阴阳五行的思想来理解自然的辩证关系，老子强调“天下万物生于有，有生于无”。在建筑上，有形的建筑实体部分可以说属于“有”，无形的建筑空间部分（即建筑内部空间和外部空间的总和）属于“无”。建筑是从无中生有的，灵活多变的建筑手法展现了建筑空间的变化。

在中国古代社会，儒学思想占据统治地位，对社会的各个方面产生了深远的影响，也包括建筑领域。儒学思想强调“天人合一”，强调人与自然的和谐，这种思想在中国古代建筑中得到了淋漓尽致的体现。中国古代建筑与自然环境相融合，打造出视野广阔、富有生气的画卷。尤其在园林建筑中，中国园林的气质与中国绘画相似，超越了山水本身的美，充满诗情画意。儒学的“天人合一”思想反映到建筑领域，就是把山、水、道路等自然元素与人文元素结合，强调它们之间的平衡与和谐。因此，古人为城市选址时会考虑山水环绕的平原，西安、北京、南京、洛阳四大古都的选址原则皆是如此。

在儒家思想中，仁是最高境界，是一种包含了道德、伦理、人际关系等的综合概念。“仁”包括“克己复礼”“爱人”“使民如承大祭”等多重含义，其中最重要的是集体主义和凝聚力。这种思想反映在城镇选址中，表现为选择群山环抱之处；反映在建筑物中，表现为四合院布局；反映在制度上，表现为明堂礼制等。

四合院是中国古代传统建筑的典型代表之一，它的布局和设计理念与儒家思想中的集体主义和凝聚力密切相关。四合院周围的房屋都围绕中间的院落，形成一个封闭的空间，人们在这个空间中相互依存、相互照应，传递着亲情。在古代，这种布局能够凝聚人们的力量，增强家族的凝聚力。

明堂礼制则是中国古代封建社会中的一种重要仪式制度，它的目的是凝聚人心、实现大一统。在这种制度中，皇帝作为天子，与文武百官一起参加各种仪式，以显示其权威和统治地位。这种制度不仅能够凝聚各方力量，还能够强化皇权、稳定朝堂、巩固政权。明堂礼制是凝聚力量、稳定统治的重要制度，反映了中国古代封建社会的政治制度和文化传统。

在中国传统文化中，水被视为生命之源，而“智者乐水”则是指有智慧的人喜欢探寻事物的本源，寻求事物背后的真正意义和价值。中国文明起源于黄河和长江流域，这些河流不仅为人类提供了生活所需的水源和土地资源，还孕育了众多的文化和哲学思想。古代的城市选址和建筑布局都与河流有着密切的关系，河流不仅为城市提供了水源和交通上的便利，还是人们探寻自然规律的智慧之源。

儒家思想中的中庸思想和“天人合一”影响了古代城市选址和建筑布局。中原地区被古人称为“腹地”，成为古代都城的首选。此外，中国传统建筑群体布局多采用中轴对称的形式，体现了儒家思想中的礼和中庸思想，强调尊者居中、平衡和稳定的价值观。中国古代城市选址和建筑布局的形成，既受到地理环境和自然条件的影响，也反映了中国传统文化和哲学思想的价值观和审美观。这些传统文化和哲学思想在中国文化中扮演着至关重要的角色，对中国社会的稳定和发展产生了深远的影响。

第三节　中国传统建筑空间与形制特点

中国传统建筑空间的设计理念强调“天人合一”，即将自然环境与人文环境有机地结合起来。空间中的建筑、草木、山水等元素相互呼应，形成自然和谐的氛围。建筑物的外部通常采用封闭式结构，内部则是开放的空间。建筑的门户、院落、厅堂和房间等按照一定的顺序排列，形成有机的整体，体现着中国文化中的等级制度。

中国传统建筑空间的布局通常以中轴线为基础，左右对称，前后呼应。建筑的主要组成部分如门户、厅堂、殿堂等均在中轴线上排列，每个部分都有自己特定的功能和象征意义。建筑内部采用天窗、明窗等设计，利用自然光线，使室内明亮通透。同时，建筑的门窗、走廊、庭院等也设计得非常合理，便于空气流通，形成舒适的居住环境。中国传统建筑空间体现了中国文化中的哲学思想和审美观念，它不仅是中国建筑文化的重要组成部分，也是世界建筑文化宝库中的瑰宝。

一、单体建筑的内部空间

构成单体建筑内部空间的主要手段是建筑物平面图的划分，而建筑物平面图主要是根据建筑物的结构来划分的，并没有刻意遵循功能要求。因此，传统的建筑通常非常简单，从建筑平面图的角度来看，它不代表任何特定的使用功能。换句话说，任何使用功能都可以插入建筑物的内部空间。

传统的单体建筑物的大型木结构由柱作为模块化的结构系统来支撑，这种设计“标准化”很自然地使建筑物的内部空间大同小异。标准化设计的前提是该空间模型具有很大的灵活性，否则很难通用。时至今日，基于柱网的网络结构设计理念仍在使用。

二、建筑群空间布局

中国传统建筑以单体建筑物为基本元素，将其组合成庭院。庭院是相互联系的建筑物组成的基本建筑单位。这是在中国历史上已经沿用数千年的建筑群体主要空间布局法。

庭院非常实用，它是人们日常生活中必不可少的空间形式，也是内部空间与外部环境之间的过渡。人们在情感和心理上都需要这种介于私人空间和开放空间之间的过渡空间，以满足人们社交和协作的需求。

古人在不同的庭院中进行不同的社交活动，因此可以说庭院就是专门为这些社交活动而建造的，例如，北京紫禁城子午门前被建筑物包围的空间是举行仪式的露天礼堂；寺庙的庭院是举行礼仪活动和祭祀活动之所。总之，生活与庭院密不可分。在西方古典建筑中，庭院通常是建筑物的附属品，然后在庭院中增加一定的功能，而中国传统建筑中的庭院是有意识地创造出来的，庭院的功能是一开始就确定了的，因此中国传统建筑的庭院空间也更加多样化。

三、典型的空间模式

传统建筑空间设计最显著的特征是：主座朝南，左右对称，强调中心轴线。长期以来，中国人一直以建筑物的方位作为建筑原则，坐北朝南是最理想的建筑方向。因此，在建筑的长期发展中，建筑物之间很自然地就会形成和谐的组合关系，这为后续的大型建筑群，乃至城市建造提供了基础。

关于“左右对称”，传统建筑遵循的对称不是绝对的对称，也不是中国独有的。首先，儒家倡导的礼制规定了建筑的等级制度，但并未规定建筑物必须对称。传统建筑中出现大量对称建筑单元和建筑群的原因是人们寻求视觉上的平衡。因此，左右对称设计并非中国独有，也不是古人刻意制造的，除了寻求视觉平衡外，还有许多复杂的因素。现代建筑打破传统建筑中的对称性原则，是由复杂的功能和体系结构决定的，为了最大限度地利用功能、适应环境，建筑物采用了不对称的形式。但是，在现代建筑设计上，我们仍会寻求构图的平衡，因为平衡的事物在人们眼中更加舒适。传统的建筑和景观会让人流连忘返，建筑当中的立意构思更是中华传统文化的精髓。在国际建筑界，如“威尼斯建筑双年展”中国馆瓦园那样以相对清晰的格局来界定中国城市及建筑文化身份和地域特质，以本土营造为根源的作品是不多见的。

瓦园以其独特的设计和建造方式，呈现出一种全新的园林形态，同时也是对传统建筑材料与技艺的创新性运用，展现了中国当代建筑与艺术的结合。它不仅是一座建筑，更是一个思考城市、资源和环境关系的命题。通过使用回收的江南旧瓦和竹篾等传统材料，瓦园不仅呈现出古朴自然的气息，而且表达了对传统文化的尊重和保护。这种对传统文化的创造性运用，也为现代建筑的可持续发展带来了启发。

瓦园的设计和建造，不仅是新的探索，更是一种对城市和家园的反思。它代表着当代建筑艺术家对城市化和现代化进程中所出现的问题的思考，也呼吁着人们对建筑、城市和环境产生更多的关注。

每一个建筑都应该根据自身的特有客观条件，形成一个独特的理念，并将这个理念贯穿于建筑的每一部分，使其成为一个不可分割的整体。建筑的实质在于其内部空间，因此设计师在进行设计时，应该注重内部空间的效果，以达到最佳使用体验。同时，建筑的设计也应该考虑到可持续性的问题，采用环保、可再生的建材，以实现建筑和环境的和谐共存。回收旧瓦、延续传统抹灰技艺等做法，正是以传统文化为基础，将可持续性理念融入建筑设计中的典型案例。注重内部空间的效果和可持续性发展，实现建筑与环境的和谐共存，才能为人们创造一个舒适、美好的生活空间。

第六章 中国古建筑分类

中国历史悠久，曾经诞生了无数建筑，虽然许多建筑已经在历史长河中灰飞烟灭，但也有不少保存至今，成为我们耳熟能详的著名历史建筑物。因为数量众多，且建筑布局、形制等级、功能构造等不同，这些历史建筑物大致可分为宫殿建筑、民居建筑、园林建筑、宗庙建筑等。

第一节　宫殿建筑

在封建社会，作为社会金字塔顶层的统治阶级，拥有独具一格的建筑形制，这就是所谓的宫殿建筑。宫殿是皇帝的居所，是国家的权力中心，是政权和皇权的象征。为了突出皇帝的至高无上，历朝历代的宫殿建筑虽风格各异，却都显示出其“非壮丽无以重威”的特点。

一、宫殿建筑概述

中国古代宫殿建筑是中国传统建筑的重要组成部分，具有悠久的历史和独特的艺术价值。在中国历史上，宫殿建筑始于商周，经过不断发展，形成了独特的建筑风格和规模。中国古代宫殿建筑的特点之一是注重对称性和层次感。宫殿建筑通常由一系列建筑组成，如大门、前殿、中殿、后殿、御花园等，这些建筑的布局和比例经过严格的规划、设计。此外，宫殿建筑还注重装饰，如石雕、木雕、砖雕、彩绘等的应用为宫殿建筑增添了艺术价值。

在古代，宫殿建筑承载着政治、文化、宗教等多种功能，同时也是皇帝和皇室家族的居所和办公场所。宫殿建筑的规模和布局通常彰显了君主和皇室的权力、地位，同时也反映了中国古代社会的政治和文化制度。现在，中国古代宫殿建筑成为重要的文化遗产和旅游景点，吸引着众多游客前来参观。目前我们所能看到的宫殿建筑，主要是供帝王处理政务、居住休憩的大型院落式建筑群，一般包括皇城建筑、宫城建筑和避暑建筑。

中国古代是皇权社会，至高无上的皇权在建筑形式上体现得淋漓尽致。气势雄伟的建筑构架、华美多变的建筑装饰使得皇家建筑在中国古建筑史上熠熠生辉。

文化遗产是一个国家和民族历史文化的象征，是人类共同的文化财富。每一座宫殿建筑都有着属于它的独特历史，它们是用建材编写成的史书。

二、宫殿建筑的形成及历史演变

中国宫殿建筑的历史可以追溯到商周时期，随着时间的推移，建造技术和材料不断改进，从而形成了独具特色的中国古代宫殿建筑。

最早的宫殿建筑是商朝和周朝的殿堂和祭祀建筑，当时的建筑多采用木结构或土坯结构。

随着秦朝的统一，宫殿建筑开始出现规模更大、结构更为复杂的建筑，如咸阳宫、阿房宫等。这些宫殿建筑多采用砖石结构，屋顶则以黄色琉璃瓦为主要材料。

到了汉朝，宫殿建筑达到了一个新高峰。宫殿建筑以木构建筑为主要特色，结构精细、规模宏大、装饰华丽。

唐朝时期，宫殿建筑的技术和材料进一步改进，建筑规模更为宏大，结构更为复杂，装饰更加精美。

宋、元、明、清时期，宫殿建筑的风格逐渐朝着更为稳重、庄严的方向发展，这些宫殿建筑的特点是建筑规模更大、结构更为复杂，同时也更加注重建筑的实用性和功能性。

中国宫殿建筑的历史演变呈现从简单到复杂、从木结构到砖石结构的发展趋势，同时也体现了中国古代建筑技术的发展、演变。

三、宫殿建筑的形制及艺术特色

宫殿是中国古代的重要建筑之一，是皇帝处理政务和日常生活之所。它以巍峨壮丽的气势、宏大的规模和严谨的空间格局展现皇权的至高无上，体现了统治阶级的思想意识。与传统的建筑相比，宫廷建筑规模更加宏大，等级要求更加森严，一砖一瓦都体现了皇权至上，一枋一檩都体现了中央集权。

宫殿建筑一般遵循“前朝后寝”“五门三朝”“左祖右社”等规律。“前朝后寝”是指前面是皇帝的办公区，后面是皇帝与妃嫔居住之所；“五门三朝”是指宫殿制度中规定后宫之前一定要有五座门，即皋门、库门、雉门、应门和路门。皇帝的朝堂也要有三座，即外朝、治朝和燕朝。但历朝历代关于“五门三朝”的叫法并不统一，以现存的故宫为例，大前门、天安门、端门、午门和太和门对应“五门”，保和殿、太和殿和中和殿对应“三朝”；“左祖右社”是指皇宫的左边是祭祀祖宗的祖庙，右边则是祭祀社稷的祭坛。

“中轴对称”“左祖右社”“前朝后寝”“五门三朝”等都是中国传统建筑中非常重要的元素。“中轴对称”是中国传统建筑中最为常见的布局方式，它体现了中国古代君主制度中皇权至高无上的等级观念；“左祖右社”则体现了中国礼制思想中崇敬祖先、提倡孝道的重要思想；“前朝后寝”则是体现实用性，前朝和后寝的划分显示了皇权的威严；“五门三朝”则体现了朝廷礼仪和君王的权力。这些不仅仅是中国传统建筑的基本元素，更是中国古代文化和社会制度的重要体现。通过理解这些概念，我们可以更好地了解中国传统文化，更好地欣赏中国传统建筑的独特魅力。

四、宫殿建筑赏析——故宫

故宫，旧称紫禁城，位于北京市中轴线上，是整个北京城的中心。它始于明永乐十八年（公元1420年），历经明、清两朝，曾居住过二十四位皇帝，现名为“故宫博物院”。其无与伦比的古建筑风格，汇集了中国几千年的建筑精髓，是当今世界上现存规模最大、历史最悠久、保存最完整的木质结构古建筑群。它采用了中国古代建筑的院落式群组布局，强调网格、中心、对称设计。它的主要宫院分布在中轴线上，重要建筑的尺寸受统一模数控制，九五比例在平面中多次出现，暗示“九五之尊”。

故宫的整个建筑，由“前朝”“后宫”两部分组成，四周城墙环绕，威严庄重。以乾清门为界，乾清门以南为外朝，是皇帝处理政务的地方；以北为内廷，住着后宫嫔妃，是皇帝起居之所。城墙外有护城河环绕，城墙四角有角楼，四面各有一门，其正南是为午门，其五凤楼形制是由紫微城的应天门演变而来。天安门是明、清两朝北京皇城的正门，最初名为“承天门”，取“承天启运，受命于天”之意，设计者为明朝御用建筑匠师蒯祥，清顺治八年（公元 1651 年）始更名为天安门，并一直沿用至今。

作为中国古代宫殿建筑的代表之一，故宫建筑布局和结构非常精巧，中轴线从南向北延伸，贯穿整个宫城，连接了太和殿、中和殿、保和殿、乾清宫、交泰殿、坤宁宫等重要建筑。中轴线两旁，是对称分布的殿宇，构成了整个宫城的骨架。

故宫的前朝和后宫分别位于中轴线的南北两端。前朝以三大殿为中心，以文华殿和武英殿为两翼，布局严谨有序，气势恢宏。后宫则以乾清宫、交泰殿、坤宁宫为中心，以东西六宫为两翼，布局井然，建筑精美。整个故宫的建筑风格典雅华丽，极富中国传统文化韵味，是中国古代宫殿建筑的杰出代表。

故宫的三大殿壮观、雄伟。太和殿，也称“金銮殿”，是故宫的著名建筑之一，是专门供皇帝举行大典之所。太和殿坐落在八米高的汉白玉台基上，高二十八米，东西长六十三米，南北长三十五米，有九十二根直径达一米的大柱，其中六根围绕御座的是沥粉金漆的蟠龙柱。整个大殿金碧辉煌、庄严绚丽。除了太和殿，中和殿和保和殿也是故宫的重要建筑之一。中和殿和保和殿分别位于太和殿的东西两侧，建筑规模也非常宏伟。中和殿是古代科举制度殿试的场所，皇帝在此亲自考核点出状元、榜眼和探花；有时也会用于皇帝与官员们的小型会面；皇帝去太和殿举行大典前也会在此稍事休息、演习礼仪。保和殿是皇帝日常活动的场所，通常情况下皇帝会在保和殿批改奏折或是单独会见官员，同时也是每年除夕皇帝赐宴外藩王公的场所。

故宫前朝的建筑形象是严肃、庄严、壮丽、雄伟，象征皇权的至高无上，而内廷的建筑风格则富有生活气息，建筑多是自成院落，有花园、书斋、馆榭、山石等。坤宁宫北面的御花园，有高耸的松柏、珍贵的花木、奇异的山石和精美的亭阁等，供皇帝及后宫人员闲暇之余观赏。

故宫正门，天安门的前后各树有两个华表，前面的华表是“望君归”，旨在提醒皇帝不要总是在外游玩，要记得回宫处理政事；后面的华表是“望君出”，旨在提醒皇帝不要总是在皇宫内，要走出去体察民情。

明朝，故宫建筑主要使用石青、石绿等矿物颜料，但因开采不易、价格昂贵，清朝中晚期开始被西方的化工颜料群青、巴黎绿取代。

金龙和玺彩绘是清彩绘中的最高等级，用于皇宫内重要建筑上，主要特点是彩绘大线呈横 W 形，画面中满绘龙纹，均为沥粉贴金。

旋子彩绘等级低于和玺彩绘，常见于宫中次要建筑，主要特点是大量使用旋子纹饰，中心为旋眼，像开放的花瓣。

苏式彩绘题材广泛，山水花鸟、人物故事无所不有，常被用于园林和生活区。

海墁彩绘源于清晚期，常用于园林建筑。它的竹纹间点缀有福、禄、寿、喜等字样以及盘常、方胜等吉祥图案。

椽头彩绘多见于故宫各处椽上，有吉祥的寓意，多为金边绿地片金卍字、金井玉栏杆、金边绿地寿字、金边绿地柿子花、金边绿地圆寿字、金边绿地蝠纹、龙眼宝珠、金边绿地蝠桃等。

五、宫殿建筑代表的文化

中国宫殿建筑代表着中国的悠久历史和文化内涵，它们不仅是中国古代建筑技术的杰作，也是中国文化的重要载体。中国宫殿建筑的设计和装饰都非常注重象征意义，从而体现了中国古代的哲学、宗教、文化等。例如，故宫的设计就充分体现了中国古代“天人合一”的思想；而颐和园则充分展现了中国传统园林艺术和山水画的特点，以及对自然和人文的崇尚与追求。

此外，中国宫殿建筑的装饰技术也非常精湛，体现了中国传统文化的精髓。宫殿的门、窗、屋顶、壁柱等都饰有精美的雕刻和彩绘，这些艺术作品充分展现了中国古代工艺技术的高超，同时也反映了中国传统文化中的审美观念。中国宫殿建筑体现了中国古代文化的精髓和内涵，是中国文化的重要组成部分，也是中华民族文化的重要象征。

第二节　民居建筑

相对于宫殿建筑，民间建筑主要为满足民众的生活起居而建，数量更大，分布也更广，受环境、气候、民俗、经济、礼制等因素影响，无论艺术风格还是建造工艺，都有差异，因此民居建筑体现着很大的地域性，比较著名的北京四合院、广东开平碉楼、福建客家土楼和皖南民居均已列入世界文化遗产名录，知名度和价值都很高。

下面我们就来看一看四合院。

一、四合院的特点

四合院是中国传统建筑的典型形式之一，主要分布在北方，一般由四个翼房围合而成，中央是一个天井。四合院建筑的布局和结构非常合理，有效地利用了空间并提供了良好的采光和通风条件。四合院体现了中国古代建筑中“天人合一”的思想，强调人与自然和谐共生。

四合院的大门往往不开在正中，而是开在东南角，因为北方的建筑讲究“坎宅巽门”。“坎”为正北，在五行中属水，正房建在水位上，可以避免火灾；“巽”即东南，在五行中为风，寓意进出顺利，所以把门开在东南角，取“出入平安”的吉祥之意。

从大门进入，迎面是影壁。影壁有遮挡视线的作用，即使敞开大门，外人也看不到宅内，同时还增加了住宅的气势。影壁又分为独立影壁、座山影壁、雁翅影壁和一字影壁。绕过影壁再往里走就看到了第一进院和第二进院之间的门——垂花门。

垂花门是中国传统四合院中非常重要的门，也是四合院建筑中最漂亮的一道门。垂花门的两个前檐柱悬于半空中，两个倒垂下来的柱头雕饰成莲瓣、串珠或石榴等形状，酷似含苞待放的花蕾，这对短柱称为“垂莲柱”，垂花门也由此得名。垂花门采用的是一殿一卷式屋顶，即门外部分是起清水脊的悬山顶，门内部分为卷棚顶。垂花门的四扇绿屏风一般都关闭，只有在重要活动时才会打开。

进入垂花门之后，一般需要穿过抄手游廊才能到达内院。内院中，坐北朝南的正房是给四合院主人住的，一般为三间或五间，朝向好，冬暖夏凉，并配有东西耳房。东西厢房是给小辈住的，东厢房住儿子，西厢房住女儿。倒座房一般是仓库或用人住的房间，有的人家的私塾也会设在倒座房里。

二、四合院的文化

在中国传统文化中，四合院通常代表着家庭的团结、和谐、美满，四合院也体现了中国古代建筑在美学和哲学层面的独特魅力。四合院进而逐渐演变为一种文化符号，代表着中国的传统价值理念。

（一）“天人合一”——四合院的理想之境

四合院所倡导的是实现“天人合一”，即建筑与自然、心灵与自然之间的和谐统一。这种和谐不仅体现在建筑与自然的交融上，更注重人与自然的共鸣。四合院合理利用环境，协同各构成要素、景观审美以及文脉承续，给人以相谐之感。

四合院的设计理念强调人与自然、人与社会、人与建筑的和谐关系，注重营造人文氛围。在四合院的建筑设计和布局中，往往会考虑阳光、空气、山水、草木等自然因素，同时也会考虑到家庭成员的生活习惯、家族文化等因素。因此，四合院的设计不仅注重功能性，还注重体现文化价值。

四合院的建筑结构和装饰均带有中国传统文化的特点。比如，四合院的建筑结构通常是以一个中心庭院为核心，周围围绕其他建筑，这种布局形式体现了中国传统文化中“以人为本”的思想。同时，四合院的装饰也非常注重细节和意境的营造，雕花、刻字、绘画等都是为了营造浓郁的文化氛围。

（二）“尊祖”“尊农”——四合院的宗法观

宗法制度是以血缘关系为基础的，它起源于原始氏族公社的祖先崇拜，这一思想观念对于中国古代建筑有着很大的影响。首先，宗族观念要求亲属生活在一起，以维护宗族的力量，这就决定了建筑的基本形式是许多房间组合在一起。其次，中国古代以农业为本，土地是宗族发展的根本，因此建筑必须紧贴大地，朝着水平发展，形成以某一房屋为中心，其他建筑向前、后、左、右延伸的多组单层建筑群体，四合院正是这种观念的典型体现。此外，“尊祖”这一基本信仰又派生出中国古代宗法制度，建筑等级制度作为宗法制度的一部分，成为中国古代建筑的特点。严密的等级制度将建筑布局、建筑规模以及细部装饰都做了等级限定，形成了固定的建筑形制。

第三节　园林建筑

古典园林是中国传统文化艺术宝库的珍品，历经多年的历史沉淀和岁月打磨，仍然保持着无穷的魅力和独特的价值。在古典园林的景观构图中，自然山水是主体，但为了增强文化氛围和观赏性，会设置各种形态的建筑，并合理布置植物，蜿蜒曲折的道路与自然环境相融合，形成完美的整体，给人以美的意境。

一、园林建筑概述

中国古典园林是综合的艺术形式，它不仅囊括建筑、园艺、雕刻等技艺，而且还包括文学、绘画、音乐等多种艺术形式。园林艺术的展现主要是通过园林中的山石、草木以及亭廊楼阁等来实现的，这些元素从多个角度传达美，给游人以精神享受。

古人认为园林体现着审美，这种美要传达给他人以引发共鸣，就需要借助文学、绘画、音乐等手段来实现。因此园林中的建筑，往往用诗词、绘画装点，以增强园林的艺术氛围和文化内涵。这些文学、绘画、音乐等元素不仅是对园林艺术的展现，也更好地体现了园林的精神内涵和文化意义。

通过与自然环境的融合，古典园林建筑成为一种景观，建筑不再孤立存在，而是与山、水、草、石相互呼应，通过以风景为主体、建筑为衬托的方式，构建出完美的园林景观。中国古典园林的建筑风格主要有以下几个特点：

一是含蓄美。园林布局曲径通幽，给人神秘莫测之感，这种含蓄可以从意境上的表达、虚实的处理等方面来感受。

二是强调意境。大多数园林都以自然山水为主题，虽然是人工构建，但却有自然天成之感。建筑与山水相得益彰，共同打造独特的意境。

三是布局简明有序。古典园林通常是由一系列庭院组成，前后相连，这反映了“长幼有序，内外有别”的中国传统思想。

中国古典园林建筑风格独具特色，强调含蓄美和意境，布局简明有序，在世界园林中占有重要地位。

二、园林建筑的形成及历史演变

自古以来，中国人就喜欢将山水、建筑、植物等元素融合在一起，打造出美轮美奂的园林建筑。中国园林建筑的历史可以追溯到商周时期，那时的园林主要是官方举办活动和祭祀的场所。随着时间的推移，园林建筑的功能逐渐扩展，从纯粹的娱乐休闲场所，发展为汇集了文学、艺术、科技等多种文化的重要场所。

在中国历史上，园林建筑的发展历经多个时期。唐朝时期，园林建筑的规模逐渐扩大，结构更为复杂；到了宋朝，园林建筑进入一个新的发展阶段，开始注重景色的构造和园林的气质；元朝时期，园林建筑风格更为自然和谐；明清时期，园林建筑更加注重造型和装饰。

园林建筑以山水为基础，注重景色的构造和园林的气质，同时也重视园林建筑的文化内涵和艺术价值。园林建筑的设计和装饰都非常注重象征意义，从而体现中国古代哲学、宗教、文化等多方面的思想。园林建筑是中国文化的重要组成部分，也是中华民族文化的宝贵遗产，具有极高的历史、文化和艺术价值。

三、园林建筑的形制及艺术特色

中国古典园林精简而有序，通常由多个庭院组成，每个庭院通过廊与其他庭院相连。园林中的建筑，如亭、台、楼、阁、榭、轩、廊等，造型多样、轻盈俏丽，点缀于山石、花草、树木之间。建筑内外景色相得益彰，每个窗户都可以看到不同的景色，让人流连忘返。

同中国山水诗和中国画一样，园林景观设计强调意境，充满了中国文化特有的审美意趣。园林景观将建筑、山水、园艺、绘画、雕刻、诗文等多种艺术结合，使建筑不仅拥有了观赏和居住的功能，同时打造了一个可以移步换景、渐入佳境的空间。园林景观的美妙之处在于它隔而未断、分而未绝、影影绰绰，让人心旷神怡。

中国古典园林建筑的特点之一是双重功能，既要满足各种活动和使用的需要，又要符合园林景物布局原则，同时还要给人带来视觉、听觉、嗅觉等各种感官上的愉悦。因此，园林建筑不仅是物质产品，更是艺术作品，旨在为人们提供一个适宜的观景空间。

中国古典园林建筑的另一个显著特点是注重为环境服务，与自然景观充分融合。园林建筑以自然山水为主题，虽然只是人工打造，但却可以为自然环境增添情趣。因此，园林建筑必须因地制宜，充分考虑地形地貌，使建筑布局与自然环境相互呼应。这种自然美与人工美的高度融合正是中国古典园林追求的境界，意图让人们在园林中感受到自然与人文的和谐统一，达到身心愉悦的效果。

中国古典园林建筑的第三个特点是具有独立性和组合性。古典园林建筑通常体量较小，根据大小和形状具有不同的功能。根据使用需求，这些建筑既可以独立设置，也可以通过廊、墙等组合成一个群体。这种组合形式形成了丰富多样的建筑外形，营造出独特的景观效果。这种独立性和组合性的设计，不仅使园林建筑更具可塑性和灵活性，同时也增加了人们对于园林景观探索的乐趣。

四、园林建筑赏析——拙政园

拙政园，现位于江苏省苏州市。明正德八年（公元 1513 年），解官回乡的御史王献臣，以大弘寺基建造宅园，取西晋潘岳《闲居赋》“筑室种树……此亦拙者之为政也”之意题名“拙政园”。后屡易其主，并几度入官，迭经兴衰分合。经过多年的修缮，现在的拙政园展现出了疏朗自然、清新旷远的风格。拙政园占地面积5.2万平方米，分为东、中、西三个部分，另有住宅部分现为园林博物馆展厅。其中，东部景观明快开朗，以平冈远山、松林草坪、竹坞曲水为主。中部则是拙政园的精华所在，整个区域以水为主，池水面积占三分之一，池广树茂，景色自然。园林中临水布置了形体不一、高低错落的建筑，主次分明。西部的水池呈曲尺状，台馆分峙，回廊起伏，水波倒影，别有情趣。整个园林环境虽由人造，但自然生态的野趣却十分突出，尚保留着建园之初的风范。

（一）拙政园的建筑特色

拙政园是极具代表性的中国园林建筑，其设计和布局均体现了中国园林建筑的文化内涵和艺术价值。

首先，拙政园的设计以池为中心，楼阁、轩榭临水而建，建筑之间由漏窗、回廊相连。园内的山石、古树、绿竹、花卉等元素构成幽远宁静的画面。拙政园以疏密自然的布局特点为主，景色平淡天真、疏朗自然，富有诗情画意。

其次，拙政园的建筑数量较少，主要为堂、楼、亭等，与自然山水融为一体，简朴素雅，体现出园林建筑的天然野趣和古朴风貌。

再次，拙政园庭院错落，富于曲折变化。园林建筑的建筑群体可组合，庭院空间多变，体现了园林建筑的艺术特点。园内大小不等的院落空间对比衬托，主体空间更显疏朗开阔，体现了园林的典雅。

最后，拙政园以植物景观取胜，园内花木繁盛，打造出的景观美丽秀雅，艺术价值极高。

（二）拙政园的建筑布局

拙政园的中部景区是其主要景区，以水池为中心布局，亭台楼榭皆临水而建，展现了江南水乡的特色。其中，以荷香喻人品的“远香堂”是主要建筑之一，它位于水池南岸，隔池与东、西两山岛相望。此外，“倚玉轩”“荷风四面亭”“小沧浪”“小飞虹”等建筑和枇杷园也是中部景区的亮点。

西部原为“补园”，以亭阁建筑和曲折的水廊、溪涧为主要景观，其中“卅六鸳鸯馆”作为主要建筑之一，是当时园主人宴请宾客和听曲的场所，厅内陈设考究。此外，“与谁同坐轩”也是西部景区的亮点之一，其设计形如一把扇子，坐于其间可以欣赏到周围的景色。

东部原称“归田园居”，原为私人庄园，后经过多次修建成为现在的景点。其中“兰雪堂”“芙蓉榭”“天泉亭”“缀云峰”等建筑虽为移建，却仍保持疏朗明快的风格，展现了园林的浑厚、质朴。

拙政园是中国古典园林的代表之一，其精美的建筑、园林、雕刻、绘画等均呈现出中国古典园林的精髓。

（三）拙政园应用的设计手法

1. 障景

在中国园林中，障景是常见的景观形式之一，即用墙、屏风、竹篱等物作为隔开视线的屏障，常用作园林中景点和景点之间的分隔或连接，起到美化景观、调和场所气氛的作用。障景可以利用其构造或材料，形成独特的景观效果，如用竹子编成的篱笆可以给人清新之感，而用木材打造的栏杆则会给人一种厚重之感。

2. 对景

在中国古典园林中，对景是一种将两个或多个景点相互对望，形成对称、呼应或对比的美学效果的景观形式。通过对景，游人可以用不同的视角欣赏到不同的景象，同时也可以感受到景观之间的呼应。对称式对景是指将两个景点左右对称布置，使得两边的景象完全对称，呈现平衡、和谐之美；呼应式对景是指通过相似或者相反的设计手法，使得两个景点之间形成呼应或对应的关系，呈现自然流畅的整体感；对比式对景是指通过截然不同的设计手法，使两个景点形成鲜明的对比，突出其中一个景点，呈现强烈的视觉效果。这三种对景的形式都有其独特的美感和表现力。

对景在中国古典园林中的应用非常广泛，不仅让人感受到园林空间的流畅和变化，还能够带给人美的视觉享受。同时，对景还可以让整个园林显得更具层次和深度，增加了园林的艺术价值。

3. 借景

借景是在目力所及的范围内，将好的景色组织到视线中的手法。拙政园的借景虽简单，却十分出色。拙政园东西狭长，拉长了透视角度，因此，远借了城西北寺塔的景色。从远处看，仿佛拙政园尽头能到北寺塔脚下一样。据说为了保留这一特色景观，苏州要求城区内所有建筑不能高过北寺塔，并留出了景观视廊，使得这百年盛景得以传承至今。

4. 框景

在中国古典园林中，框景是一种将景观框在建筑、树木或其他物体的框架之中，呈现虚实相间、层次分明的美学效果。框景可以突出景观的特定部分，让人的视线更加聚焦在这个部分，同时也可以让人们从框架中看到更多的景象。建筑物、廊道、绿树、山石等都可以作为框架，将景色固定在特定位置，形成固定的视觉效果。在园林设计中，框景通常会与障景、廊道、水景等其他园林元素相结合，共同构成一个有机的整体。框景不仅能够突出景观的重点，还能够为人们提供独特的视觉体验，让人们倍感园林之美。

第四节　宗庙建筑

我国历史上道教和佛教盛行，许多地方都有寺庙、道观、塔或石窟，当然还有许多其他宗教建筑。这些宗教建筑为人们从事宗教活动提供了便利。

一、宗庙建筑概述

在中国传统文化中，宗教信仰一直为人们所重视，因此中国历史上的宗庙建筑也是非常重要的文化遗产。宗庙建筑是中国古代宗教活动的场所，主要包括庙宇和祠堂两类。

庙宇是供奉神明的场所，建筑通常采用中国传统建筑的形制，具有严谨的布局和精美的装饰。庙宇通常会设有前殿、正殿、后殿和配殿等，前殿和配殿多用于收纳祭祀道具，正殿是神明的主祀场所，后殿则是奉祀神灵的场所。祠堂是供奉祖先的场所，建筑形式与庙宇类似，但通常规模较小。祠堂主要包括门、正殿、厢房和祖堂等建筑，门是入口，正殿则是主祀场所，厢房通常用于收纳祭祀用品，祖堂则用于祭祖。

宗庙建筑在中国传统文化中有着非常重要的地位，它不仅具有丰富的文化内涵和历史价值，更是中国传统建筑文化的重要组成部分。许多著名的宗庙建筑，如北京的天坛、山西的岳阳楼、福建的泰宁岩寺等，都是中国古代宗教建筑的代表，具有非常高的文化和艺术价值。修建宗庙建筑是我国古代最隆重的活动，历朝历代都耗费大量人力、物力，使用当时最成熟的技艺来营建这些建筑。宗庙建筑的布局深受统治思想和典章制度的影响，可以反映一个时期的文化。

宗庙建筑的作用主要有三种：祭祀神灵、祭祀祖先和缅怀先贤。祭祀神灵强调了君主的地位和“天命神授”的理念；祭祀祖先强调了宗族观念，增强了凝聚力；缅怀先贤强调了儒家思想和中国传统道德观念。宗庙建筑讲究规制，讲究礼仪，强调崇敬和敬畏，体现了中国传统文化和价值观。

二、宗庙建筑的形成与历史演变

宗庙建筑源于古代祭祀文化。祭祀是人们向自然、神灵、祖先等表达意愿的活动仪式的总称。在中国封建社会的历史进程中，祭祀活动逐渐演变出一套完整的礼制，反映了封建社会阶级关系和宗法家族的思想——这种礼制要求人们相信“天”是至高无上的万物主宰，自然界的日、月、星辰、风、雨、雷、电和重要的山、河等都各有其神，支配着农作物的丰歉与人间的祸福。同时强调崇尚祖先，认为祖先是家族和社会的重要支柱。因此，宗庙建筑作为祭祀活动的场所，反映了中国的传统文化和社会制度。

最早的宗庙建筑与中国古代祭祀文化密切相关，如商周时期就出现了祭坛和祭祀器物。随着时代的发展，中国的宗教信仰和宗庙建筑也不断发展，宗庙建筑逐渐成为政治和权力的象征，各个朝代的皇帝都会大规模修建宗庙建筑，以巩固自己的统治和权威，如南北朝时期的白马寺、唐朝的大明宫、宋朝的大相国寺等。明清时期，中国的宗庙建筑进入一个全新的发展阶段，宗庙建筑规模更加庞大，建筑风格也更加华丽，装饰和彩绘更为丰富多彩，北京的天坛就是明清时期的著名宗庙建筑。中国的宗庙建筑历史悠久，风格多样，不仅具有丰富的文化内涵和历史价值，更是中国传统建筑文化的重要组成部分。

三、宗庙建筑的形制及艺术特色

中国宗庙建筑是中国古代文化的重要代表之一，由祭祀大殿、配殿、廊、亭、阁、塔等多个建筑构成，通常采用木结构与砖石结构相结合的形式以及特殊的屋顶形态和装饰风格。宗庙建筑一般分为前、后两进，前进为山门，后进为祭祀大殿和配殿，中间有一个庭院。整个建筑群布局合理，错落有致，给人庄严肃穆之感。屋顶通常采用悬山式、歇山式或攒尖式等，屋脊上常常配以瓦兽、瓦人等，装饰风格简约、典雅，多采用砖雕、木雕、石雕、彩绘等技艺，突出中国传统文化的内涵。

四、宗庙建筑赏析——天坛

天坛位于北京城的南端、北京中轴线偏东的位置，占地约 273 万平方米，相当于故宫的四倍大，是明清两朝帝王祭天之所。天坛是古代祭祀建筑的代表作，它严谨的建筑布局、奇特的建筑结构、瑰丽的建筑装饰被认为是我国现存最精致、最美丽的宗庙建筑群。天坛不仅是中国古建筑的明珠，也是世界建筑史上的瑰宝。

（一）天坛的建筑布局

天坛始建于明永乐十八年（公元 1420 年），主要建筑包括祈年殿、皇穹宇、圜丘、回音壁等。天坛的建筑采用传统的中国木结构建筑形式，结构严谨，布局合理，装饰精美，同时融入了中国古代哲学思想和宇宙观。

天坛整个建筑布局呈“回”字形，分内坛、外坛两部分，各由坛墙相围。外坛墙总长 6414 米，内坛墙总长 3292 米，北面围墙高大，为半圆形；南边围墙较低，呈方形，二者象征“天圆地方”。天坛的建筑布局具有非常高的艺术和历史价值，堪称中国古代宗庙建筑的代表之作。

（二）天坛的建筑文化意蕴

天坛建筑群的设计和建造蕴含着丰富的哲学和文化内涵。除了“天圆地方”“阴阳和合”“中和”“贵阳”等观念外，天坛还体现了中国古代的礼仪文化和宇宙观念。天坛建筑群的设计体现了中国古代对天地的崇拜、敬畏，而祈年殿则是人与天地沟通的桥梁，是皇帝与天地之间的联系。在建筑细节上，天坛的建筑物采用了精美的彩绘和砖雕，体现了中国古代的艺术美学理念。古人按照严格的仪式祭天，皇帝率百官前往天坛祭天是中国古代最重要的仪式之一，天坛的建筑群为这一仪式提供了场所。因此，天坛建筑群的规划和建造也充分展现了中国古代的礼仪文化。

祈年殿是北京天坛的主体建筑，前身是“大祀殿”，又称“祈谷殿”，是明清两朝皇帝孟春祈谷之所，也是古代明堂式建筑仅存的一例。祈年殿整体为坛殿结合的圆形建筑——下部为坛，坛三层，高 5.6 米；殿为圆形，直径 32.7 米，高 38 米，三重檐攒尖顶，上覆鎏金宝顶蓝瓦，层层收进——整个建筑美观、宏伟、大气。圆台、圆殿、方墙，象征“天圆地方”；殿顶蓝色象征天；三环柱子中，内环四根象征四季，中环十二根象征十二个月，外环十二根象征十二个时辰，外环柱子和开间象征廿四节气。

圜丘，石阶、各层台面石和石栏板的数量，均为“九”和“九的倍数”。最上层台面四周环砌九圈台面石，中心圆形石板称“天心石”，其外环砌石板九块，再外一圈为十八块，以后依次递增九块，直至八十一块，寓意“九重天”——通过这种对“九”的反复运用，以强调天至高无上的地位。

第五节　陵墓建筑

在中国古代，陵墓除了展现权势和财富之外，还有祭祀和纪念先祖的作用。陵墓建筑的平面布局和空间环境设计都非常考究，通常会采用建筑群的形式，以一个中心建筑为主体，周围布置一系列辅助建筑，如墓门、神道、碑碣、石兽、华表等。这些建筑的设计和布局都十分精巧，既能展现主人公的身份和地位，又能营造出肃穆庄重的氛围。比如作为陵墓建筑中的特殊形式，墓阙具有非常重要的象征意义。它通常建在陵墓入口两侧，起标识和警示的作用。墓阙的建筑形式非常独特，通常采用梯形或倒梯形结构，上面覆盖重檐歇山式屋顶，外面饰有华丽的彩绘和石雕。墓阙的建造需要耗费大量的人力、物力，象征着主人公的权势和地位。

陵墓建筑是中国古代建筑中非常特殊的一类，不仅具有极高的历史和文化价值，是中国古代建筑艺术的杰出代表之一，而且也是中国古代建筑的重要组成部分。中华民族自古认为人死而灵魂不灭，将永存于“冥间”，所以在人去世后，大都厚葬并依时祭享，世代相传，纳入礼制，演为习俗，逐渐形成了专供安葬并祭祀死者使用的建筑——陵墓。在漫长的历史进程中，中国陵墓建筑得到了长足发展，出现了举世罕见的庞大古代帝后墓葬群。

一、陵墓建筑形制与沿革

中国古代的等级制度非常森严，不同地位的人享受不同的待遇，这种制度在陵墓建筑中得到了充分体现。帝王墓葬称为“陵”，臣民则称为“墓”，这种称谓上的差别就体现了等级的高低。帝陵规模宏大，坚固耐久，构筑精美，地下部分分为明中、玄室、地宫等，其上或筑有厚实的封土，称为“方上”或“宝顶”，或用高大的城墙包砌，称为“宝城”。它们的建筑布局和装饰都非常精美，展现皇家的权势和地位。在陵墓前方还会设置祭台、献殿、碑表、石人、石兽、阙坊等，有的还附有后陵或陵寝等陪葬墓。臣民墓则形式简单，规模较小，地下部分多为土坑，称为“墓穴”或“墓室”，地上聚土成丘，俗称“封土”，体量大的则称之为“冢”或“丘”。由此可以看出，陵墓建筑的等级划分非常严格，不同身份的人在墓葬的名称、规模、形制、装饰等方面有明显的区别。

陵墓建筑的等级制度反映了古代中国的社会结构和权力秩序，历代陵墓建筑都有定制，等级分明，不得僭越。陵墓建筑处处渗透的严格等级观念，对于了解中国古代历史和文化有着重要的意义。陵墓建筑在发展过程中，根据形制变化可分为五个重要阶段：

第一阶段，墓而不坟，不封不树。原始社会至战国（东周）以前，人死后“古之葬者，厚衣之以薪，葬之中野，不封不树，丧期无数”，即葬于土坑，用土掩平，不留任何痕迹与标记。“墓而不坟”是当时陵墓的基本形式。

第二阶段，墓上垒土成坟，成封土墓。秦始皇统一六国后，即选址骊山营建陵墓，历时三十七年，建成秦始皇陵，这也是我国现存最古老的帝王陵墓。秦始皇陵位于陕西省临潼骊山北麓，四周重墙相绕，呈南北略长的方形。陵体位于内苑正中偏南，周围有铜车马、陪葬坑和大型兵马俑坑等。秦始皇陵的封土原呈三级阶梯，状如覆斗，经过两千多年的自然侵蚀，现存的封土缩小了很多。汉朝墓葬则是中国古代陵墓的重要转折。帝王墓从汉朝起专称为“陵”，一般臣民墓被称为“墓”。汉袭秦制，封土为方形平顶棱台，俗称“方上”，也称“覆斗”。东汉帝陵的规模不及西汉帝陵，一般四周不设垣墙，以“行马”代之，四面正中有厥门，称“司马门”。南司马门内，陵前设祭台、石殿，门外神道两侧布置石人和石兽。

第三阶段，因山为陵。从三国鼎立到隋朝统一前的三百余年间，是国家分裂、战乱不止、社会动荡、经济衰退的时期。动乱之中，前朝陵墓多被盗掘，有识者力主薄葬，曹魏文帝曾遗诏三府“因山为体”“葬于山林”“无立寝殿”“不封不树”“废止墓祭，祭于宗庙”。由此，陵墓规模缩小，陵墓建筑开始衰落。到了隋唐时期，国家统一，经济繁荣，厚葬之风重又盛行。这一时期的陵墓建筑因袭汉制，追求高大，以方为贵。自唐太宗昭陵起，规模制式有了很大变革——因山为陵，利用山峰作为陵墓，将墓穴修在山体中，以整座山体作为墓冢，山丘四周筑方形陵墙，四面辟门，门外设石狮，四角建角楼，陵墓气势宏大，雄伟壮观。

第四阶段，“方上”陵制的最后辉煌。五代十国的动乱时期，陵墓建筑不求“高显”，规模变小，地下墓室则建造工整、装修精致。而宋朝则规定每朝皇帝崩逝后才能开始建陵，且必须在七个月内完工下葬。因工期所限，宋诸帝陵形制相似，规模雷同——陵园四周筑夯土围墙，四面正中留门，四角建阙。陵前由南北向神道正对南神门，神道两侧整齐排列石兽和石人。

第五阶段，“宝城宝顶式”兴起。“宝城宝顶式”是在地宫上方，用砖砌圆形或椭圆形围墙，内填黄土，夯实，顶部呈穹隆状。圆形围墙称“宝城”，穹隆顶称“宝顶”。由南向北分为三个院落，第一个院落由碑亭、神橱、神库等组成；第二个院落是祭殿和配殿；第三个院落是埋葬帝王之所，设牌坊、五供座、方城明楼和宝城等。这种形制兴起于明清两朝，清朝的宝城、宝顶多为椭圆形。

二、陵墓建筑布局与结构

（一）陵墓建筑的布局

中国陵墓建筑的布局形式可以概括为三种。

第一种是以山为主体的布局方式，这种布局形式的代表是昭陵，它因山为陵，轮廓简洁，气象巍峨，体现了皇帝的威严和尊贵。

第二种是以神道贯穿的轴线布局方式，这种布局形式常见于明清时期的陵墓。神道作为轴线，将各建筑有机地连接在一起，形成了完整的陵墓建筑群。神道两侧设置牌坊、碑亭等建筑，使陵墓建筑与环境相得益彰，给人庄严肃穆之感。

第三种是建筑群组的布局方式，这种布局也是明清时期的陵墓常用的形式。陵墓常选址在群山环绕的封闭环境中，各帝陵协调地布置于一处，形成一个有机的建筑群体。陵墓建筑的布局和环境相互呼应，营造出庄严肃穆的氛围，体现了陵墓建筑的艺术价值和文化价值。

陵墓建筑的布局形式反映了中国古代的社会结构和权力秩序，每一种布局形式都有其独特的特点和价值，对于了解中国古代文化和历史有着重要的意义。

（二）陵墓建筑的结构

陵墓建筑由地下和地上两大部分组成。

1. 地下部分

陵墓建筑地下部分主要包括墓室和随葬品。墓室常用木、砖、石等材料建造。古代墓室的形式和风格多样，其中大型木椁墓室是周朝诸侯贵族最常使用的墓室形式。砖筑墓室始于战国末年，此后砖的种类越来越多，出现了空心砖、画像砖等，空心砖墓的形式可分为平顶箱子式和两坡顶式。西汉前期多平顶单棺空心砖墓，西汉中后期多双棺空心砖墓，顶部砌成屋顶式。此外，墓室中雕刻画像的被称为“画像石墓”，也是陵墓建筑中的重要类型。

2. 地上部分

陵墓建筑地上部分主要包括封土和其他陵园建筑，供生者祭祀之用。封土是陵墓建筑的重要组成部分，大约殷末周初，墓上开始出现封土堆。春秋战国后，封土愈来愈大。帝王陵墓封土形制自周朝以来，历经了“覆斗方上式”“因山为陵式”和“宝城宝顶式”的演化过程。陵园建筑主要分为三个部分。祭祀建筑区为封闭的多进庭院建筑群，位于墓冢前方，是陵园建筑的重要部分，供祭祀之用。其中祭殿是该区域的主要建筑物；神道是从陵园大门通向祭殿和“宝城”的导引大道，又称“御路”“甬路”。唐以前，神道不长，道旁有少量石刻。到了唐朝，陵前的神道石刻有了很大发展，出现了大型的石像。到了明清时期，帝王陵墓的神道发展到一个新的高峰，明十三陵神道全长 7 千米，清东陵神道长达 5 千米；护陵监是专门保护和管理陵园的机构，是为帝王守护陵墓的官吏值守居住之所。护陵监外有城墙围绕，内有衙署、市街、住宅等建筑。

三、陵墓建筑艺术与文化内涵

从夏商到清末，我国陵墓建筑逐步发展为宏伟的建筑群，形成了艺术的综合体，并与自然环境相结合，将自然美与艺术美融为一体，使陵墓建筑达到了天成地就的艺术境界。这些建筑已经成为中华民族艺术宝库中的重要组成部分，并体现出古代中国的独特文化和思想。

（一）“事死如生”的观念

“事死如生”是认为死亡并非终点，而是人生的另一种状态，因此需要考虑死者生前的地位和生活习惯。这种传统观念在中国古代丧葬中非常普遍，影响了陵墓建筑地宫的设计和随葬品的选择。

陵墓建筑中地宫的建制模仿宫殿的形式，是因为古代帝王认为自己在冥间同样需要享受奢华的生活。地宫中放置棺木之处通常被称为“内室”，除此之外还有“前殿”“后殿”“中殿”等区域，这些区域通常用来供奉神像、摆放随葬品等。随葬品的种类也非常丰富，包括金银器、玉器、陶器、石器、青铜器、漆器、织物、珠宝等。陵墓建筑地宫的设计和随葬品的选择都受到“事死如生”思想的影响，反映了古代帝王对于死后生活的向往和期望。

（二）孝道文化

在古代，孝被视为基本的伦理道德之一，是儒家礼制中的核心思想。儒家认为，孝顺父母是人类道德的起点，是其他道德行为的基础。“生，事之以礼；死，葬之以礼，祭之以礼”，即父母在世时，要通过遵守礼仪来表达对父母的尊敬；在父母去世后，也要遵循一定的礼仪安葬和祭祀，以表达对死者的怀念。

在古代，厚葬是生者对死者表示忠孝的重要方式之一，墓穴的规模和随葬品的精美程度都体现了生者对死者的尊敬和怀念。通过埋葬死者可以规范生者的行为举止，强化等级和伦理观念，因此，厚葬在古代被视为非常重要的文化传统，进而成为中国古代丧葬文化中的重要组成部分。

（三）风水文化

在古代中国，阴宅的地形、地势、方位被认为会对子孙后代的命运产生影响，这种观念在中国古代被称为“风水”，是一种非常重要的文化传统。《葬书》记载，“风水之法，得水为上，藏风次之”。古人认为水具有聚宝的特性，而风则代表着气流的流动，象征着旺盛的生命力。因此，在阴宅选址中，最理想的环境是背靠祖山，前景开阔，有流水自山间来，曲折而去，朝向坐北向南，便是一个有山环抱、负阴抱阳、背山面水的好环境。这样的环境不仅可以带来自然的美景，还可以为子孙后代带来好运和福气。目前已知的陵墓建筑中，大多数都建在这样的环境中。

（四）等级制度

在古代，陵墓的规模有等级之分，不可僭越。宫殿、房屋或器物的大小及数量，棺材的厚度，封土的大小等都等级分明。其中，体现等级最重要的一项就是封土的大小，这从历代帝王的陵墓就可见一斑。

四、陵墓建筑的代表——十三陵

十三陵位于北京市昌平区天寿山麓，地处三面环山的小盆地中，陵区被群山环抱，中部为平原，陵前有小河蜿蜒。自明永乐七年（公元 1409 年）五月始作长陵，到明朝崇祯帝葬入思陵止，十三陵共有十三座帝王陵墓，其建筑形式无不体现着明朝的典章制度。十三陵陵区占地面积达 40 平方公里，以规模宏伟壮观、陵园体系完整、布局庄严和谐、景色优美静谧、风格典雅古朴著称于世。

在陵区南北长达 7 公里的中轴线上，一条总神道通向各陵，十三陵总体布局就像一棵大树，每座陵墓如同树枝。沿神道建有石牌坊、下马碑、大红门、神功圣德碑、神道柱、石像生、棂星门等。各陵布局也大致相同，依次为石碑、陵墙、祾恩门、祾恩殿、棂星门、石五供、明楼等。明楼上立石碑，制皇帝的庙号和谥号，后面即为“宝城”。每座陵还有管陵太监所住的“监”以及神马房、祭祀署，有种植瓜果以供祭祀的园子、护卫陵园的军队“卫”。

十三陵背靠的天寿山麓属于太行山山脉，是北京北部的一条重要山系。山脉连绵起伏、景色优美，堪称风水宝地，因此才被古代帝王视为理想的安葬之地。

十三陵原有一圈围墙，由自然山体和人工墙体组成，上面有两个门、十个口。大门称为“大红门”，小门称为“小红门”，十个口则为榨子口、西山口、德胜口、雁子口、锥石口、贤庄口、灰岭口、老君堂口、东山口和中山口。这些门和口不仅是为了方便进出、保护陵寝安全，也是遵循阴阳五行之说，保证陵墓的风水。

在十三陵，常绿的松柏是主要的植被，这些树木不仅可以增加景观的美感，也代表着永恒和不朽。这些树木也是陵墓风水中的一部分，古人认为它们对于陵墓的气场起着重要的作用。

十三陵是依山而建的陵墓群，采用南京明孝陵的模式，除神道共用外，各陵均为前祭享区、后墓冢区。各陵墓规格相近又各自独立，陵与陵之间相距 500 米至 8000 米。陵墓布局呈扇形，均匀分布在长陵的左右两侧。有些陵墓还仿照南京明孝陵，设有一座名为“哑巴院”的建筑或琉璃照壁作为屏障。每座陵墓的陵门都设有碑亭，碑文记载皇帝生前的功绩。

第六节　设施建筑

城市的出现，是人类文明的一大进步。社会发展到一定阶段出现的综合体——城市，是一种特殊的地理空间。考古发掘证明，中国的城市历史可以追溯到三千多年前的殷商时期，当时的城市规划目前还在不断考证中。春秋战国时期，城市规模已经很大，城市功能也非常复杂。自三国开始，中国古代城市规划开始具有明确的意图，并有了整体的综合观念，有了处理大尺度空间的丰富艺术手法，也有了修建大型古代城市的高超技术水平。

古代中国城市规划会充分考虑城市的布局和功能，以满足人们的生产和生活需要。在城市规划中，城市的中心地带通常是宫殿、庙宇、市场等公共场所，周围是商业和居住区，城墙则起保护和防御的作用。在城市建设中，诸如城墙、城门、水道、街道等，都应用高超的技术和丰富的艺术手法来完成。

中国古代城市规划还会考虑地理环境、气候条件、文化传统等因素。例如，南方城市通常采用水系交织、街巷纵横的布局，而北方城市则更注重城墙和城门的防御功能。这些因素对城市规划和建设产生了深远的影响，在其影响下诞生的建筑具有特殊的功能，能够为国家、社会服务。按照功能不同，这些建筑可分为公共标志性设施建筑、军事防御设施建筑、交通设施建筑、商业设施建筑。

一、公共标志性设施建筑

中国古代城市的道路多为棋盘状结构，这种整齐划一的方格形道路交通网，不仅便于交通，也便于在街坊内建造各种建筑。城市建设通常以宫殿、官衙或钟鼓楼等公共建筑为中心来进行规划，反映着统治阶级严格的等级观念。

在古代中国城市规划中，钟鼓楼是一个非常重要的公共建筑，在封建社会城市生活中具有举足轻重的地位。钟鼓楼通常位于城市的中心区域，建筑高大，形式多样。现存的钟鼓楼以砖石台基承托木质楼阁的形式居多，内部空间与其他官式建筑相较并无特殊之处。除报时作用外，钟鼓楼还具有观望火情、维持社会治安等功能。

二、军事防御设施建筑

古代城市的防御体系非常严密，从宫殿、府邸到县郡治所都建有城和郭，城在内，郭在外，故有“内之为城，外之为郭”一说，统称“城郭”。都城城墙高大坚固，四面设有数量不等的城门，城门外往往加筑瓮城、罗城、箭楼等，以增强城市的防御能力。

在防御设施中，城墙是最为关键的一环。古城墙非常高大，通常采用夯土、砖石等材料建造而成，城墙厚度也很大，可以承受攻城器械的撞击。城墙之上建有雉堞、女墙、门楼、角楼、马面等防御设施，使得城墙的防御能力更加强大。除了城墙外，护城河也是古代城市防御体系的重要组成部分。护城河的作用是阻挡攻城器械。护城河上设有吊桥，可以随时升降，控制进出。

三、交通设施建筑

中国古代对交通设施建设很重视。春秋战国时期，许多国家在境内险要之处设置关卡，在没有桥的水陆交叉地带建渡口连接两岸。秦汉时期，国家在渡口设立税关或维持治安的关卡，交通路线建立后，方便客运和货运的服务行业也发展起来。春秋战国时期，各国在都城和交通干线上设庐舍候馆等招待所，以接待来往各国的使者和政府官员。道路沿途还出现了私人开设的旅店——私人逆旅。秦汉时期则初步建立了遍布全国的驿站网络。隋唐时期，水陆驿站建造得豪华壮观，私人旅店也迅速发展起来。宋朝则把邮、驿正式分开，馆驿主要负责接待各级公务人员，而邮递则专管政府通信事宜。由元至清，交通服务业更加昌盛。交通要道沿线许多市镇的兴起，都与交通服务业关系密切。

四、商业设施建筑

在中国古代，商人最初只是个体式经营，到了明清时期，随着经济的快速发展、商人地位的提高、商业竞争的加剧以及人们从商观念的转变，全国各地逐渐形成了各具特色的、以地域为中心的商帮，商人开始以群体形象活跃在历史舞台上。明清时期的地域商帮不胜枚举，比较著名的有山西商帮、洞庭商帮、徽州商帮、广东商帮、福建商帮、宁绍商帮、江西商帮等。这些商帮在各自的地区内拥有广泛的商业网络和紧密的政商关系，他们互相联合起来，形成了庞大的商业体系。常年经商在外，他们使在外地建立会馆和公所，作为联结他们与家乡以及同行的纽带。

会馆和公所在明清时期的商业活动中扮演着非常重要的角色。会馆是社交场所，商人们在会馆内开展商业交流和合作，同时互相帮助，共同应对各种风险和挑战。公所则是组织机构，代表商人的利益进行维权活动。在商业活动中，会馆和公所成为商业活动的重要组织形式，也是商人社会地位提高的重要象征。这些商帮的兴起和发展，推动了中国商业经济的蓬勃发展，也为中国社会的繁荣和进步作出了重要的贡献。

五、设施建筑赏析

（一）西安钟楼

西安钟楼建于明洪武十七年（公元 1384 年），是中国现存钟楼中形制最大、保存最完整的一座。西安钟楼建在方形基座上，采用砖木结构、重楼三层檐、四角攒顶的形式，总高 36 米，占地面积 1377 平方米，内部设有钟鼓室，楼顶上的大铜钟可以报时，它是古代城市中非常重要的时间标志。作为古代城市的重要标志性建筑之一，钟楼不仅可以提示时间，而且成为城市文化的重要载体，讲述着古代城市发展的历程，具有重要的历史和文化价值。

（二）北京鼓楼

北京鼓楼坐落在北京中轴线北端，是一座气势雄伟、巍峨壮观的建筑，古时为元、明、清三朝都城的报时中心。鼓楼坐北朝南，为重檐三滴水木结构楼阁建筑，高 46.7 米。楼身坐落于 4 米高的砖砌城台之上，东西长约 56 米，南北宽约 33 米，台上四周围以宇墙。内部设有鼓房，鼓房内置一面直径近 2 米、重达 7 吨的巨型鼓。除了作为报时中心，鼓楼还是古代官府发布政令之所，同时也是京城的文化中心之一，其高超的建筑技术和不朽的艺术价值充分显示了古代劳动人民的智慧和力量。

（三）许国石坊

许国石坊是位于安徽省黄山市歙县县城内的一组明朝石坊建筑，建于明万历十二年（公元 1584 年），是全国罕见的明朝石坊建筑。石坊四面八柱，呈“口”字形，俗称“八脚牌楼”，南北长 11.54 米，东西宽 6.77 米，高 11.4 米。石坊建筑仿木构架造，由前后两座三间四柱三楼式和左右两座单间双柱三楼式的石坊组成。石料全部采用青色茶园石，石质坚硬、粗壮厚重。每一方石柱、每一道梁坊、每一块匾额、每一处斗栱和雀替，都饰以精美的雕刻，其中雄踞于石础之上的十二只狮子形态各异，栩栩如生，展现了明朝石雕技艺的高超。石坊上镌刻有“恩荣”“先学后臣”“上台元老”“大学士”“少保兼太子太保礼部尚书武英殿大学士许国”等字样，展示了歙县名人许国的功绩。因此，许国石坊不仅是中国传统建筑艺术的重要遗产之一，同时还是许国及其家族荣誉的重要象征，具有重要的历史、文化和艺术价值。

（四）山海关

山海关是中国长城上的重要关隘之一，曾是中国古代防御体系的重要组成部分。它建筑规模庞大，防御体系完整，建筑历史悠久，堪称中国古代建筑的杰出代表，同时也是中国文化遗产中的重要组成部分。山海关城由城墙、城台、城楼、城门等构成。城墙高 14 米，厚 7 米，周长约 4 千米，外部以青砖包砌，内填夯土。城门有四个，东门保存最为完整，城门台上为城楼，楼分上下两层，有六十八个箭窗。城楼上方的“天下第一关”匾额乃明朝进士萧显题写，字迹苍劲、雄浑。

（五）庆安会馆

庆安会馆位于浙江省宁波市三江口东岸，距今已有近 170 年的历史，原是舶商航工娱乐聚会或开展祭祀活动之所。庆安会馆建筑规模宏大，内部设有许多房间，如大厅、戏楼、茶室、餐厅、礼堂等。建筑装饰采用宁波传统的砖雕、石雕和朱金木雕等工艺，具有很高的艺术价值和历史价值。庆安会馆的保存和保护，不仅有助于传承、弘扬宁波的传统文化，也有助于推动中国传统建筑的保护和发展。

（六）平遥古城

平遥古城位于山西省晋中市平遥县，始建于周宣王时期，明洪武三年（公元 1370 年）扩建，距今已有 2800 多年的历史，较为完好地保留着明清时期县城的基本风貌，是中国汉民族地区现存最完整的古城。平遥古城以南大街为主轴线，以街心的市楼为最高点。城隍、衙署择高处而立，一东一西，对称分布，表达了封建统治者“人神共治”的愿望。全城四大街、八小街、七十二条小巷道，经纬交错，主次分明。市井商铺林立，民居鳞次栉比，宅院（包括商铺）对称严谨，从城市布局到房舍配置处处体现着尊卑有别的封建伦理观念。

第七章 中国古建筑风格形成地域因素

地理和自然条件的差异以及人们生活方式和文化背景的不同，使中国古代建筑具有多样性的特点。在北方部分地区，人们利用黄土烧制砖瓦用以盖房，而在南方部分地区，人们则以竹木作为建筑材料构筑房屋；在西南少数民族地区，人们用竹木搭成干栏式建筑，而在青藏高原，人们则多砌筑厚墙式平顶碉房；蒙古族人喜欢搭建易于拆卸搬运的帐篷式住房（蒙古包），苗族人的吊脚楼则用竹木作为支柱架在水面之上……不同地区的建筑风格反映了当地的历史和文化，这些建筑是中国古代城乡建设的佐证，丰富了中国古代建筑的内涵，同时也成为中华民族五千年文明史的重要组成部分，有着无可替代的历史和文化价值。

第一节　徽派建筑：青瓦白墙　砖雕门楼

皖派建筑是南方民居建筑的代表之一，而徽派建筑则是皖派建筑中最为著名的分支。徽派建筑以其特有的建筑工艺和独特风格闻名于世，民居、祠堂、牌坊被誉为“徽州古建三绝”，是中外瞩目的文化遗产。徽派民居建筑以“三雕”（木雕、石雕、砖雕）为特色，工艺精湛，结构严谨。高深的天井是建筑的核心，四周高墙围护，错落有致的马头墙不仅造型精美，更融合了古人的智慧——在遭遇火灾时，马头墙可以防止火势蔓延。徽派建筑在设计上尊重自然，强调人与自然和谐共处，处处体现着徽州人民对良好生活环境的追求。其独具一格的建筑风格、严谨的结构、精湛的雕镂都展现了徽州人民在建筑艺术上的造诣和独特的审美。同时，徽派建筑还记录着徽州的社会经济情况和文化意识形态，具有重要的历史价值。不仅在建筑艺术上有独特贡献，徽派建筑在文化传承上也发挥了重要的作用。徽派建筑所代表的徽州文化影响深远，汤显祖曾赞叹“一生痴绝处，无梦到徽州”，足见徽州对文人雅士的吸引力之大。徽州文化的传承和发展，离不开徽派建筑的支持和推动，徽派建筑与徽州文化相互交融、相互促进，共同成为中华文化宝库中的瑰宝。

一、徽派建筑的形成

徽派建筑是一种古建筑流派，兴起于中国封建社会后期的徽州地区。随着徽商的崛起，徽派建筑进一步发展壮大。徽商们不仅注重经商，而且还广交文士，提高自身的文化素养，逐渐开始在建筑中注入自己的想法，使徽派建筑逐渐形成风格独特的建筑体系。徽派建筑的特点是布局合理、造型独特、装饰精致，具有天然的乡土气息、很高的实用性和丰富的内涵，成为中国建筑艺术的一大派系。

徽派建筑的形成与徽州地区特殊的地理环境和气候条件密切相关。徽州地处山区，气候潮湿，山高林密，瘴气弥漫，因此，徽派建筑在建筑布局、建筑结构和建筑装饰等方面都注重通风、采光、防潮、防火。徽州地区最早是古越人的聚居地，古越人的建筑多为干栏式建筑，在潮湿的山区能够有效防止瘴疠侵袭。随着中原地区人们的大规模迁入，人口慢慢密集起来，人们开始构建楼房，中原的四合院逐渐演变成了徽州独特的天井式建筑，起防火作用的“马头墙”也应运而生。徽派建筑在建筑造型、装饰图案等方面逐渐融合了这两种文化特色，形成了浓郁的地方特色和文化内涵，成为中国建筑文化的重要组成部分。

二、徽派建筑的构成

徽派建筑是中国传统建筑中的重要流派，它的特点是注重建筑与自然环境的协调，强调建筑的实用性和美学价值。徽派建筑主要包括民居、祠堂和牌坊三类，其中民居最为典型。徽派民居规模宏大、结构合理、布局协调、装饰精美，门罩、窗楣、梁柱、窗扇等处的砖雕、木雕、石雕，工艺精湛，形式多样，栩栩如生。徽派祠堂和牌坊也是中国传统建筑的代表作品，在选址、造型、雕刻、用料等方面都很讲究，整体结构严谨，布局合理，规模宏大。总的来说，徽派建筑的独特之处就在于它融合了徽州山水和民俗文化，不仅追求建筑的实用性和美学价值，而且传承和弘扬了传统文化。徽派建筑的保存和传承，不仅有助于推动中国传统建筑的保护和发展，也有助于丰富我们对中华传统文化的认知和理解。

三、徽派建筑的特点

徽派建筑的布局特征是建筑的起承转合、高低起伏都顺应自然山水的走势，建筑与自然更加协调。徽派建筑的形象特征是通过粉墙、黛瓦、马头墙的组合形成整体韵律，突出建筑的美感。徽派建筑的精湛工艺则体现在砖雕、木雕、石雕上，无论是入口门罩和“八”字墙上的砖雕，还是室内梁架、隔扇、栏杆上的木雕、彩绘，抑或是台阶、柱础的石雕都精美绝伦。徽派建筑的文化特征则更多地体现儒家的有序、敦厚、沉稳、静谧，如果说苏州园林的特质是不拘法度的“风流”，徽州建筑则表现为一种“理趣”。在街巷景观方面，徽派建筑街巷众多，曲折通幽，层次丰富，几乎达到“步移景异”的程度。此外，徽派建筑还注重人本观念，亭阁、廊桥、影壁以及门楼、拱门，无不体现了对人的关怀之心。

四、徽派建筑的文化意蕴

徽派建筑不仅具有高度的美学价值，而且还蕴含着深厚的精神文化内涵。它具有徽州山地特征和地域美学倾向的特点，房屋布局沿中轴线对称分布，面阔三间，中为厅堂，两侧为室，厅堂前方是天井。徽派建筑文化深受风水学、儒家思想、古代哲学以及徽商文化的影响，并将这些文化元素融入建筑，形成独特的文化标志。徽派建筑强调自然与人的和谐共生，普遍应用自然采光和自然通风的形式，选址靠近水源或易于获取建材的场所，体现了朴素的自然观和生态观以及“天人合一”的思想。徽派建筑不仅是物质财富，更是精神宝藏，它蕴含的文化内涵早已超越建筑自身的功能，影响了人们的行为方式、价值观念和审美情趣。它不仅是一种建筑风格，更是文化符号和精神象征，传递着徽州文化。

第二节 苏派建筑：山环水绕 曲径通幽

江南水乡气候湿润、植被繁茂，独特的地理环境和气候条件使得苏州地区商贸发达、百姓富庶，发达的经济能满足人们追求高质量居住环境的要求，这为苏派建筑的兴起提供了条件。又因江南地区重视文化教育，拥有崇尚艺术的浓郁民风，因此，无论是乡野民居还是官衙府邸，设计建造皆一丝不苟，独运匠心。

一、苏派建筑的形成

苏派建筑以园林闻名，多讲究南向，南向建筑冬季背风朝阳，夏季迎风纳凉，既舒适又体现了江南水乡的韵味。苏派建筑屋顶高翘、粉墙黛瓦，古朴典雅的设计风格体现出清、淡、雅、素的艺术特色。苏派园林一般以山水作为景观构图的主题，强调“依山就势”“自然天成”，目的是与自然环境相互融合，因此它的轮廓、线条、色彩均与自然风貌相匹配，造型与环境相统一。苏派建筑成为园林布局的艺术典范，原因在于精细的装修布局艺术。脊角高翘飞卷的屋顶、独具江南风韵的走马楼、精美细致的砖雕、灵动的明瓦窗、庭院里的花鸟鱼虫、池塘边的荷花假山……放眼四周，皆是“曲径通幽处，禅房花木深”的悠然惬意。这种写意山水的构思寄托着中国文人寄情山水的旷世幽怀。

二、苏派建筑的特点

春秋时期，工匠们就开始不断尝试将人文艺术通过装饰巧妙地融入建筑。随着时间的推移，苏州的园林艺术逐渐发扬光大。在宋朝，苏州园林的发展达到顶峰，成为中国园林艺术的代表。在园林布局上，苏州园林借鉴自然山水的布局，在有限的空间内打造山、水、林、石等景致，使园林空间广阔、自然、灵动，同时还将山水、植物等精心组合，营造出独具匠心的氛围。在建筑形式上，苏州园林采用传统园林建筑形式，如亭、台、楼、阁、廊、桥等，将建筑与自然环境融为一体，同时通过景观的布局、构造和细节处理，营造出意境和情趣。苏州园林以其独特的园林式布局、精心的景观配置和情趣意境表达，成为中国园林艺术的杰出代表。

三、影响苏派建筑发展的因素

古代的文人雅士喜欢寄情山水，这对苏州园林的形成和发展起到了重要的推动作用。受文人雅士的影响，苏州园林逐渐形成独特的造园技艺和理论体系，这些技艺和理论不仅对苏州园林的建造和美化起到了重要作用，也对中国园林艺术发展产生了深远影响。两宋时期，文人画逐渐兴起，相较于注重写实的院体画，文人画更偏重写意，主题也更加超脱物外。这种寄情山水的画风与源自唐朝的“文人造园”的理念不谋而合，园林设计逐渐不再追求华丽、壮观的风格，开始将隐逸山居的纯朴、雅致引入城市宅邸，更加注重形式上的山林野趣。北宋理学家朱长文在苏州建造的“乐圃”，就是一座兼具农耕和娱乐功能的园林，它体现了文人对“大隐隐于市”的追求以及对自然的热爱。

“香山帮”工匠也是影响苏州园林发展的重要因素。集古典建筑多项工种于一身的工匠们熟练运用木雕、砖雕、石雕等技术，在建造园林时不仅注重园林的美学价值，而且还注重园林的实用性和耐久性，他们的精湛工艺和高超技术为苏州园林建设作出了重大贡献，为苏州留下了众多宝贵遗产。

总之，苏州园林的发展得益于文人雅士和工匠的共同努力，他们对自然的热爱和对生活的追求，促进了苏州园林的不断创新、发展，为中国园林艺术的发展作出了重要贡献。

四、苏派建筑赏析——周庄

位于江苏省苏州市的周庄具有悠久的历史、独特的建筑风格、丰富的文化内涵和深厚的文化底蕴，是江南水乡著名的古镇，也是中国传统文化的重要代表。九百多年前的南唐时期，周庄还是一个小渔村，后来逐渐发展成为一个商业城镇和文化中心。到了明清时期，周庄已然成为繁华的商业重镇，各种建筑形式和风格都得到了发展和创新。周庄建筑的建材以木材和砖瓦为主，装饰风格以雕刻、浮雕和彩绘为主，形式和布局充分展现了水乡建筑的特点。

周庄有多个著名的古典园林，其中比较有名的是“森园”“张家园”“虹桥园”和“花港观鱼”。森园，始建于明朝中叶，占地面积约 5.2 万平方米，是周庄最大的私家园林。森园以水为主题，园内有多个水池、水道，建筑布局和园林景观均体现了独特的水乡风情；张家园始建于明朝中期，占地面积约 2.4 万平方米，以小巧玲珑、精致秀丽为特点，建筑布局和园林景观独具匠心；虹桥园始建于明朝中期，占地面积约 1.5 万平方米，以虹桥古色、山水清幽为特点，建筑和景观互相映衬，非常美丽；花港观鱼始建于明朝，占地面积约 4.2 万平方米，以水墨画意、花团锦簇为特点，非常适合观赏。

第三节　闽派土楼：坚固土墙　功能强大

闽南地区的建筑被称为“闽派建筑”，其中最著名的就是土楼。土楼不仅要兼具防御功能和居住功能，内部设计也注重实用性和美观性，因此土楼采用了厚实的土墙承重，内部则采用穿斗式木构架，整个建筑规模宏大，结构复杂，错落有致，具有独特的建筑风格和丰富的文化内涵。土楼将建筑与自然环境融为一体，充分体现了中国古代建筑的审美价值。

一、土楼建筑的形成

土楼的历史可以追溯至宋元时期，当时，福建山区生存环境恶劣，战乱频发，民众的生命和财产都得不到保障。为了保护自身和家族，人们聚族而居，就地取材，用当地的生土、木材、鹅卵石等作为建筑材料开始建造土楼，土楼不仅为人们提供了良好的居住环境，而且兼具防御功能。到了明末，土楼的建筑风格趋向成熟，它布局合理，实用性强，具有强大的防御能力和极高的美学价值。作为一种独特的生土高层建筑，融合了儒家传统思想和风水理念的土楼展现了福建地区独有的建筑风格和文化特色，将源远流长的生土夯筑技术推向了极致，成为福建山区民居建筑的代表。

二、土楼建筑的特点

作为福建客家的代表性建筑，土楼风格独特，内部设计巧妙，具有极高的历史、文化、艺术和科学价值。它不仅是客家人的居住场所，更是客家文化的载体，被誉为“世界建筑史上的奇迹”。

修建土楼通常选择向阳避风、临水近路之地，以方便生产、生活。因此，大多数土楼都具有坐北朝南，左有流水，右有道路，前有池塘，后有丘陵的特点。巧妙利用斜坡、台地等特殊地形构筑的土楼形式多样，最终组合成为层次分明、规模壮观、颇具山区建筑特色的土楼群。这种布局不仅与地质学、生态学、景观学、建筑学等密切相关，还与中原传统文化紧密相连，反映了山区居民对生存环境的认识和对生活的智慧。

土楼建筑结构独特，通常由一栋圆形或方形的主楼以及几栋围绕主楼的附楼组合而成。主楼多为三至五层的多层楼房，附楼则多为一层或两层。墙体采用夯土筑成，厚度超过一米，墙体内部中空，外墙常常用黑色石灰涂料装饰，从而形成了独特的“白墙黑瓦”建筑风格。

土楼布局合理、规范，且具有鲜明的特点。首先土楼的大门、大厅、后厅、横屋和附属建筑都严格分布在中轴线两侧，整体高度对称，规整而美观。其次，厅堂是土楼的核心建筑，所有土楼都以厅堂为中心组织院落，再以院落为中心进行群体组合，这种布局使得土楼具有了良好的通风效果。最后，土楼的廊道贯穿整个楼体，居住在土楼内的人们可以方便地出入、交流、互动，四通八达的布局让土楼多了重要的社交功能。

土楼内部设计巧妙，常采用对称式布局，将每个楼层划分为若干个房间，每个房间通常都配有独立的阳台或天井。同时土楼还设有厨房、堂屋等公共空间以及水井等生活设施，为居住者提供良好的生活环境。

总之，土楼反映了客家人聚族而居的家族传统和生活方式，成为研究中国农村社会历史和客家文化的重要资料。

三、土楼建筑的功能与内涵

福建土楼是独特的建筑群体，具有完美的防御功能和丰富的文化内涵。土楼外墙坚固，一二层通常没有窗户，只有坚固的大门，整个土楼就像一座坚不可摧的堡垒。同时，土楼还修建了漏水、漏沙的装置和地下暗道，以应对火灾等紧急情况，完备的防御设施让人赞叹不已。

除了建筑结构和内部设计别具一格外，土楼的文化内涵也十分丰富。土楼内的楹联、匾额、壁画、名联等都体现了客家人的文化传统和审美理念，反映了客家人的思想和价值观念。土楼楹联的内容如“知足常乐”“和衷共济”“勤学苦练”等体现着客家人的追求，其深厚的书法功底也展现出客家人的审美；悬挂于土楼正门或堂屋之中的匾额则彰显土楼主人的家族威望和文化素养。匾额内容以名言警句或诗词歌赋为主，表达着土楼主人的思想情感；土楼内的壁画描绘着客家人的日常生活，如耕种、捕鱼、赛龙舟等，反映了客家人的艺术追求；土楼的名联也是客家文化的重要组成部分，它们富有哲理和内涵，语言简练，意境深远，反映了客家人的思想境界，具有很高的文学和艺术价值。

四、土楼建筑赏析

福建土楼是中国传统建筑中的一朵奇葩，它不仅具有实用功能，还具有深厚的文化内涵和丰富的艺术价值。福建土楼中最常见的是圆楼和方楼，它们的建筑风格和设计都非常独特。圆楼外形呈圆形或椭圆形，高度一般为三至五层；墙体采用夯土筑成，厚度通常超过两米；内部建有多个房间、天井、楼梯，布局复杂。土楼中最为著名的圆楼是韶山堡，被誉为“中国圆楼之王”。而建于明永乐年间的集庆楼结构独特，被称为“楼梯最多、最奇特的土楼”。方楼外形呈方形或近似正方形，高度一般为三至五层；墙体同样采用夯土筑成，墙体厚度一至两米；内部采用对称式设计，每层楼分出若干房间，每个房间都有独立的阳台或天井；墙壁常常用黑色的石灰涂料进行装饰。建于1775年的光裕楼是洪坑村最早、最完整的方形土楼。除了圆楼和方楼，福建土楼还有五凤楼、八卦楼等，这些土楼都具有独具匠心的设计和别具一格的建筑风格，为福建土楼的多样性和独特性增添了浓墨重彩的一笔。

第四节　京派建筑：对称分布　寓意吉祥

六朝都城的北京城，有雄伟壮丽的宫廷建筑，也有独具特色的四合院，二者共同构成了颇具特色的京派建筑。宫廷建筑中故宫恪守“中轴线”标准，严格按照“左祖右社”“前朝后寝”的古制布局，充分体现着“皇权至高无上”的封建宗法礼制。而北京四合院则以其独特的建筑风格和营建方式成为中国北方民居建筑史上的一块瑰宝。

一、京派建筑的形成

四合院式住宅是中国传统建筑的重要形式之一，其历史可以追溯至商周时期，后历经汉、隋、唐、宋等朝代，四合院式住宅逐渐普及开来，并在元朝得到大规模推广。明朝继续延续四合院的形式，同时官府对各阶层的居所制定了严格标准。清朝则在继承和发展四合院的基础上，将宫室式宅邸发展到了极致。

四合院最终成为中国传统建筑中的典型形式，而北京四合院则是其中最典型的代表。

北京地处华北平原，气候干燥，四季分明，而四合院不仅能满足房屋的采光和通风需要，而且增加了房屋的保温性能。作为政治和文化中心，北京拥有悠久的历史和灿烂的文化，随着时间的推移，四合院逐渐融入北京文化，具有了北京特色。自然环境、城市规划、建筑形制以及儒家思想对北京四合院的格局、尺寸、布局等都产生了影响，如北京地区相对干燥，因此房屋多采用硬山顶，屋顶坡度也适中；胡同间距较小，因此院落数量和大小都受到限制；等级制度影响了房屋屋顶、宅门、院墙、台阶以及油饰、彩绘等许多方面；儒家思想则影响了人们的居住形式和房屋的分配方式。目前，北京遗存的清四合院在规模和格局方面均承袭了古代宫室建筑的特点，规模宏大，格局复杂，装饰豪华，不仅体现了中国传统建筑的精髓，也是中华文化的重要组成部分。

二、京派建筑的特点

北京四合院呈围合状，方形的中心庭院被房屋环绕，庭院宽敞，通常铺有青石板或石子，宽敞的院落利于采光，让房屋明亮、舒适，使得居住环境更加宜人。庭院四周的房屋一般只有两层或三层且各自独立，房屋间距较大，转角处的游廊和房屋前的檐廊将房屋串联起来，既保证了私密性，又保证了通风和采光。

北京古都建筑历经兴衰，碎砖数量极多，用拳头大小的碎砖砌成高墙是北京老工匠的绝活儿。工匠们用条砖砌出四角，再用大小不一、外形各异、缺边少角的砖块与泥填充，墙体略向内缩，外面涂抹白灰，这种软心墙便成了四合院的一大特色。这种充满智慧的建筑工艺极大限度地节约了建筑材料。

四合院重视院落布置，院落中常会摆上大型鱼缸，既有观赏价值，又可起到调节空气湿度和防火的作用。中心庭院和花园多种植有着吉祥寓意的花草树木，如象征子孙昌盛的石榴和葡萄、象征富贵双全的海棠和玉兰等，使得整个院落显得更为生态和宜居。

四合院常用油饰彩绘，油漆颜色以红色和绿色为主，强烈的色彩搭配明艳醒目，同时红色或绿色的梁枋上还会饰以色彩明快的彩绘，更加丰富了建筑的色彩。

总之，北京四合院的设计充分考虑了北方气候的特点和人们的生活需求，既具有实用性，又极具美感和文化内涵，是中国传统建筑文化的重要组成部分。

三、京派建筑的文化

就像京派宫廷建筑的代表故宫蕴含着皇家的传统和文化一样，京派民居建筑的代表四合院也体现着北京的民风与习俗。

四合院也是按南北走向的中轴线对称布置房屋和院落的。正房位于中轴线上，是家中长辈的居所，中轴线左右两侧的厢房则为晚辈起居之用，住宅功能与长幼有序的礼制融为一体，俨然一个“缩小版”的紫禁城。

古人多迷信，四合院的建造极其讲究风水，择地、定位、确定尺度均会严格遵循风水之说，比如大门一般都在巽位上。四合院的装饰图案也要寓意吉祥，梁柱门窗、院门影壁、檐口椽头等处的图案寄予着古人对美好生活的追求和期待，如蝙蝠、寿字组成的图案寓意“福寿双全”，插月季花的花瓶图案则寓意“四季平安”……北京四合院处处体现着京派建筑的特色，它们是中华传统文化的缩影。

第五节　晋派建筑：窑洞大院　晋商文化

晋派建筑结构复杂、类型多样，无论是简单的窑洞，还是幽深的大宅，抑或是紧凑的精致房屋，均有其独特之处。这些建筑反映了不同历史时期、不同地域、不同社会阶层的文化和审美情趣。晋派建筑是山西文化遗产中的重要组成部分，也是中国传统建筑的宝贵遗产，其独特的建筑风格和装饰艺术，对于了解中国传统文化具有重要意义。

一、晋派建筑的形成

明朝时，高速发展的经济给商人和政府搭建了桥梁，加强了官商的交流。到了清朝，政府的捐纳制度为商人从政为官提供了途径。凭借山西的地理优势和自身的雄厚资本，晋商成为第一批官方认可的、有合法身份的商人，从而为晋派建筑的发展提供了有利条件。

山西地势起伏，河谷纵横，为晋派建筑的设计提供了丰富的灵感和创意空间。晋商们善于利用地势，巧妙地将建筑与自然环境融为一体。晋派建筑不仅风格独特、细节考究，建筑布局、空间组成、造型艺术等也有其独到之处，建筑中的翘楚晋中大院就以其深邃、富丽的建筑风格著称，被誉为“北方建筑的珍品，中华民居的瑰宝”。晋派建筑也因此成为中华民居建筑艺术的重要组成部分，为中国传统建筑文化增添了无尽的魅力。

二、晋派建筑的分类

受地理位置和环境影响，晋派建筑呈现多样化，可分为多种类型。如根据建筑材料的不同，晋派建筑可分为窑洞式民居、木架结构民居和砖木混合结构民居。其中窑洞式民居在山区和平原都有分布，可细分为穴居式窑洞和砖砌窑洞两种类型；木架结构民居通常是在木结构上砌上厚重的砖墙作为外围，以抬梁式的梁架支撑屋面厚重的载荷；砖木混合结构民居则是由砖石结构和木架结构组合而成的独特结构。又如根据地理位置的不同，晋派建筑可分为晋北民居、晋西北民居、晋中民居、晋东南民居和晋南民居五类。晋北民居主要以砖木结构和厚土坯房为主，房屋多为平顶，正面多采用木桩式满面开窗；晋西北盛产木材，民居主要以山窑洞和重檐木楼为主；晋中民居以四合院为主，院落由大门、过厅、垂花门、正屋及各院厢组成；晋东南民居形式多样，有瓦房、砖房、平顶房、窑洞房和二层楼房等；晋南以广阔的平原为主，民居多采用砖木混合结构，房屋多为平顶。

三、晋派建筑的特点

晋派建筑的建筑风格和布局具有鲜明的地域特色。明清时期修建的山西城镇多为棋盘式布局，民居多采用四合院建筑形式，院落一进到三进不等，各进院落形成独立的狭长空间，各户之间并列布置、互不干扰，整个建筑中轴对称、主次内外分明。明清时期修建的村落则分为集中式和分散式两类，地势平坦的地区多采用集中式布置，布局紧凑、整齐，而山区、半山区和丘陵地区的民居多依地势而建，集中布置在山或坡的阳面，形成台阶式院落。山西冬季寒冷，对日照和采暖的需求在民居院落朝向布局中体现得尤为突出。人们的起居室大多朝南，与其他建筑间距较大，力求室内能获得更多采光，房内多用火炕以供取暖。此外，山西不同地区的地理环境和气候条件也影响了建筑的发展，如晋东南以楼房为主，晋西北以窑洞为主。

作为中国传统建筑文化中的重要组成部分，晋派建筑不仅展现了当地的历史、文化，而且是建筑艺术的重要物质载体，被誉为“中国古代建筑博物馆”“中国古代建筑宝库”。

第六节　川派建筑：形式多样　特色鲜明

川派建筑严格来说并不单指四川的建筑，还包括云南、贵州等西南之地的建筑，这些地方少数民族众多，因此建筑形式多变，带有鲜明的民族特色。而四川省在地理上拥有平原、丘陵、山地、高原等多种地形地貌、气候差异大，多元文化交汇、融合，民族特色鲜明，这决定了四川的川派建筑更加注重因地制宜，进而衍生出功能和风格各异的建筑。这些风格各异、特色鲜明、装饰精美的川派建筑具有极高的艺术价值和文化价值，是中国建筑史上的瑰宝。

一、川派建筑的形成

川派建筑的历史可以追溯至唐朝。唐朝时，成都成为四川地区的政治、经济、文化中心，同时也成为西南重镇。成都的城市规模逐渐扩大，城市建筑风格雅致，结构严谨，地方特色浓郁。宋朝则是川派建筑发展的重要时期，川派建筑不仅在建筑形式和艺术风格上有了更深层次的体现，而且在建筑技术、建筑材料和建筑装饰上也有了新发展。这个时期的川派建筑以木结构为主，建筑精美绝伦，装饰华丽精致，兼具南方和北方两地的建筑风格，形成了独特的川派建筑艺术。明清时期，川派建筑进入全新的发展阶段，在建筑形态、建筑结构和装饰风格上进一步发展。这个时期的川派建筑以四合院为主，建筑风格朴素、典雅，装饰精美，结构严谨，富有浓郁的地方特色。

二、川派建筑的特点

“轴线明确，平面灵活，变化有序，内外结合，层次丰富”是川派建筑的特色。川派建筑注重建筑的功能性和实用性，善于利用现有的材料和技术，通过利落的处理方法，创造出了形态优美、自然的建筑形式。这些建筑富于地方特色，建筑手法灵活巧妙，建筑风格简洁利落，建筑形态优美自然，建筑尺度适中得体，平面空间变化有序，建筑布局大小结合又小中见大，整体空间给人宽敞、舒适之感。同时，川派建筑的装饰工艺也十分精湛，木雕、石雕、壁画等都具有极高的艺术价值和文化价值。

川派建筑具有“外封闭，内开敞，大出檐，小天井，高勒脚，冷摊瓦”的建筑特征——“外封闭”指四周建围墙，墙上不开窗，外设竹林，这样做的目的是保证住宅安全并阻挡北风；“内开敞”指在院内设天井、敞口厅、活动格扇、望楼或绣楼等，方便排湿通风、采光保暖；“大出檐”指院内、街道的房屋出檐皆宽，院内檐下可晒谷、堆柴，沿街檐下可摆摊、避雨；“小天井”则是川派建筑的重要特色之一，从清朝起，无论是民居、官邸、衙门，还是书院、会馆、祠堂均在院内设小天井、廊庑、敞口厅、望楼等开阔空间连通各院落，为人们提供生活和休闲空间；“高勒脚”是在西汉时期干栏建筑的基础上发展而来的架空木地板的、具有廊庑院庭和重门厅堂的合院式房屋；“冷摊瓦”指房顶不设木望板，不加黏合剂，仅用厚度约一厘米的小青瓦以“一搭三”的方法散铺在瓦桷子上，瓦面透气性好，可避免室内过于潮湿闷热。

保存至今的川派建筑是四川历史文化的重要遗产，也是川派建筑艺术的宝贵实例。它的每一处细节，都凝结着匠人们因地制宜的建筑智慧，体现着匠人们的创造力以及对美的追求。

三、川派建筑的地域特征

四川的地理地貌和气候条件在很大程度上决定了川派建筑的特点，使得川派建筑“擅长”因地制宜，风格鲜明。

在建筑布局上，川派建筑注重大门的朝向，大门一般朝南，如不得不朝北、朝东，则往往加照壁遮挡。川派建筑的核心是处于建筑中心位置的堂屋，一般用来供奉祖先或接待宾客。特别讲究的人家还设有多个堂屋，后堂用来供神，大堂、二堂则专供接待、筵席之用。

在建筑样式上，川派建筑通常采用穿斗结构。这种结构工艺简单，施工方便，材料一般来自房前屋后或田间地头，更重要的是这些就地取材的木制构件还可循环使用。

川派建筑的墙体根据材料可分为砖墙、土墙、石块（石板）墙、木墙（木板或原木）等，其中成本低廉的竹编夹泥墙是四川独有的墙体。四川产竹，竹编夹泥墙便是先以竹片编织，再敷以泥巴制作而成的，这种墙体透气、吸潮、成本低，在川派建筑中非常多见。川派建筑的墙体多采用利于阳光反射的白色为基色，以解决四川地区阴雨天气多造成的采光不足问题。

为了适应四川地区多雨的气候，川派建筑的屋顶多为两面坡式，覆以小青瓦，采用冷摊瓦工艺，构造简单，成本低廉，既可遮挡阳光，又可防止雨水渗入屋内，且透气性良好，冬天可保暖、夏天可防暑，房屋内外空气流通。两面坡交汇的屋脊上，必高高垒瓦，可防止接缝处漏雨，房屋正脊正中用瓦片垒出一个极富装饰性、用以镇宅安室的“太岁”，取代古建筑中正脊两端翘起的鸱尾。建筑出檐深远，晴时遮挡阳光，雨时遮风挡雨。沿街住宅或店铺的宽屋檐往往连成檐廊，增加了活动空间，供人们纳凉、躲雨、娱乐。同时，屋顶两端伸出山墙之外，交汇处常设有博风板，用木条钉在檀条顶端，既遮挡桁（檀）头接缝的参差，又能避免日晒雨淋，从而延长屋顶寿命。“人”字形的博风板，正中央悬下“悬鱼”，让博风板更为牢固。

四、川派建筑赏析

青羊宫始建于周朝，有着“川西第一道观”之美誉。现存建筑大多于清康熙年间陆续重建。其中八卦亭是迄今保存最完整、造型最华丽的标志性建筑。亭身有两重飞檐、八个檐角，四周有龟纹隔门和云花镂窗雕刻。整座亭宇采用榫卯衔接，古人精巧的建筑技术可见一斑。如今青羊宫已被列为“道教全国重点宫观”、四川省重点文物保护单位。

文殊院始建于隋大业年间，清康熙年间集资重建，现存建筑乃典型的川西平原古建风格。六重正殿依次排在山门的中轴线上，各殿堂之间用长廊、密柱连接，整个建筑形成一个封闭的四合院。房舍均为木石结构，柱础石琢磨精细，柱上斗拱雕饰玲珑，整个建筑气势恢宏、巍峨壮观。

合江亭始建于唐贞元年间，北宋重建后成为官民宴饮、市井游玩的场所。合江亭垒基高数尺，十根亭柱支撑着连体双亭，构思巧妙，意味隽永。拾级而上，两江风物，尽收眼底。

望江楼位于成都市武侯区望江楼公园内，是全国重点文物保护单位之一。相传唐朝女诗人薛涛曾在此汲取井水，手制诗笺，并留下许多诗句。为了纪念薛涛，明清两代人先后在这里建起了崇丽阁、濯锦楼、浣笺亭、五云仙馆、流杯池和泉香榭等建筑，构成了极富四川风格的园林建筑群。

第八章 古建筑的未来

无论是传统的木结构建筑、青瓦白墙的民居，还是宏伟的宫殿、寺庙，都凝聚着中国古代工匠的高超技艺和审美情趣，承载着中国的悠久历史和灿烂文化。这些充满中国传统意蕴、集中国古韵之大美的古代建筑，不仅具有极高的文化价值和艺术价值，同时也是中华民族的精神象征和文化符号，体现了中华民族的智慧和创造力，是值得每一个中国人骄傲的文化遗产。

起源于夏朝，历经朝代更迭，饱经沧桑的中国古建筑富丽堂皇又不失简朴自然之美，巍峨壮观又精致典雅，它们是文化与艺术的瑰宝，蕴含着中华民族源远流长的文化底蕴。我们有责任研究、保护、传承并发扬这些文化遗产，让古建筑的艺术魅力永远流传。这是我们应尽的责任，也是我们对未来的守望。

古建筑是社会进步、经济繁荣、文化昌盛的标志，是历史的见证，承载着丰富的历史信息和文化内涵，是各地区独特文化的集中展现。古建筑的保护和修缮是一项长期而艰巨的任务。在保护古建筑的过程中，需要综合考虑文化、历史、艺术、社会、经济等多种因素，制订科学合理的保护方案，并且需要投入大量的人力、物力、财力。同时，保护古建筑也需要依靠相关政策法规和社会意识的引导，培养公众的文化保护意识和责任感，形成全社会共同参与、共同保护的良好氛围。古建筑是珍贵的文化遗产，其保护和传承是我们每个人的责任。

第一节 乡村古建筑的保护

过去，由于保护意识淡薄、人口大量流失，乡村的许多古建筑因无人看管而受到大自然侵蚀，有的古建筑还遭到了人为破坏。同时，由于文物保护经费短缺、专业保护力量匮乏，许多古建筑的维修使用了现代建筑材料，破坏了古建筑原有的风貌，甚至有的古建筑一直没有得到维护。

对于数量众多、规格不一、分布广泛的民间古建筑来说，保护工作任重而道远，需要付出更多的努力和心血。近年来，地方政府部门对民间古建筑保护的重视程度逐渐提高，在保护古建筑方面采取了一系列综合措施，包括加强政策法规的制定和完善、提高保护经费的投入、加强对古建筑的维护和管理等。同时，政府部门加强了对民间古建筑所有权的管理规范，禁止私自拆除，还加强对民众的宣传教育，提高公众的文化素养和文物保护意识，鼓励社会各界积极参与古建筑保护和传承，逐渐形成了全社会共同保护古建筑的良好氛围。

有的政府部门还充分考虑了古建筑的历史文化价值和地方特色，注重还原古建筑的原始风貌，注重古建筑的功能性和生态适应性，不仅实现了古建筑的可持续利用，又在传承、保护古建筑的同时，体现新农村特色，逐步打造出古老文化与现代文明相统一、保护与开发相统一的和谐宜居环境。如在保护古建筑的同时，为了让村庄独具特色，有的村落在政府部门的统一规划下，不仅修缮了原有古建筑，还从全国各地收集、搬迁古建筑，让它们在村里“落地生根”。

第二节　城市古建筑的保护

城市因人而兴，人类活动的足迹也给城市留下了深刻的印记，建筑就是最具代表性的事物，它不仅是满足人类居住与生活需求的场所，同时也是重要的文化产物。点缀于城市里的各类古建筑，是城市文明发展的记录者，是祖先留给我们的珍贵文化遗产，在文化传承中扮演着重要的角色。在城市化推进的浪潮中，我们不能忽视保护古建筑的重要意义，保护好古建筑，既是对历史的尊重，也是对后代负责。

随着经济的发展，城市开始扩张，许多古建筑被高楼大厦包围，因而备受冷落。为了发展经济，有的城市以保护为名拆除历史街区、古建遗迹；有的城市以开发为名，过度追求商业化，导致古建筑变了味；还有的城市只是将古建筑圈起来，只注重面上的修缮维护，不注重内在的文化挖掘与利用。

城市要寻求发展，这是客观必然，但历史文化也不能因此遗落。要实现古建筑与城市的共生共存，就必须找到历史文化保护与商业利用开发之间的平衡之道。城市古建筑的保护，不止要把建筑面貌完整保存下来，也得把建筑的历史脉络、文化内涵守护起来。同时，在基于良好保护的前提下，不回避商业化开发利用的实际价值。由此可见，古建筑保护是一项涉及面很广的综合性课题。由于不同城市的历史文化传承不尽相同，古建筑保护没有统一的答案，需要在实践中探索，在探索中积累好的经验。

近年来，人们开始意识到古建筑保护的重要性，相关政府部门采取了一系列措施保护、修缮古建筑。有的城市从规划入手，因地制宜制定古建筑的发展保护规划，并将其与城市的建设规划有机结合起来。有的城市牢固树立古建筑保护理念，着力做好宣传工作，让城市居民从思想上正确认识到古建筑保护的重要意义，并将之积极付诸实践，为古建筑的保护探寻更好的路径。

第三节　中国古建筑的未来

随着社会的不断发展，古建筑越来越受到人们的重视和喜爱，部门政府加大了对古建筑的保护、开发，社会对文物修复工作也越来越重视。

近年来，中等职业教育专业在“土木建筑·建筑设计”大类中将“古建筑修缮与仿建专业”更名为“古建筑修缮专业”，高等职业教育专科中设置了“古建筑工程技术专业”，大学本科中开始增置“古建筑工程专业”，古建筑行业对从业人员的相关专业资质有了更高要求。同时，政府部门颁布相关条例，在法律法规层面对工程承包作出了明文规定。这使得古建筑行业在专业人才培养和市场准入等方面都有了标准，古建筑行业开始进入专业化领域。

时代不断发展，科技不断进步，新技术、新材料也逐渐现身于文物修复及古建筑修复领域。前沿技术、新型材料、高端设备在很大程度上解决了一大批古建筑保护与发展的相关问题。三维激光扫描技术、建筑信息模型（Building Information Modeling，BIM）、倾斜摄影技术、地理信息系统（Geographic Information System，GIS）等先进技术手段被适当地应用于古建筑修复实践中——首先，通过三维激光扫描技术、倾斜摄影技术，人们获取了古建筑较为准确的几何信息，完成数据采集，生成云模型；之后，在此基础上建立 BIM，输出二维图纸，为古建筑的保护与修缮提供解决方案；最后，通过 GIS 建立数据库，进行古建筑各项档案数据的储存、管理与保护，方便查阅。新型技术已经逐步渗透到古建筑修复的每一个环节，为古建筑修复行业带来了巨大变革。

随着生活水平的不断提高，人们对于居住环境的要求越来越高。未来的古建筑行业需要更多环保、智能、人性化的设计，以满足消费者个性化的需求。同时，在全球化和数字化的背景下，建筑行业也必须注重跨界合作，吸纳更多的新兴技术，与科技浪潮接轨。未来的建筑行业将呈现出智能化、数字化和个性化的特点。建筑设计中将更多地采用虚拟现实、人工智能、机器学习等新兴技术，更加注重绿色环保、减少建筑过程中对环境的破坏，更好地适应生态发展。

重视古建筑的保护工作，积极参与，共同努力，让这些珍贵的文化遗产得到有效的保护和传承，为我们子孙后代留下珍贵的文化财富。